売れるLP

ングページ

改 … 則

株式会社テマヒマ
平岡大輔

技術評論社

本書で制作するランディングページ完成イメージ

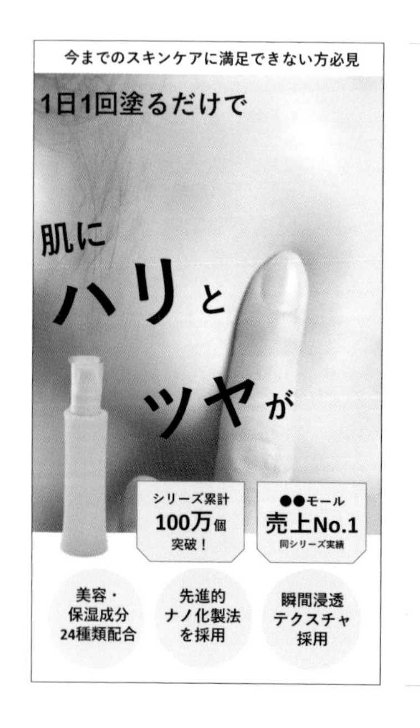

ファーストビューエリア

ランディングページの成否を分けるエリア

役割 興味を惹きつける

訴求内容 ベネフィット／特徴／実績／商品

オファーエリア

見込み客が買うかどうかを決めるエリア

役割 購入を決断させる

訴求内容 割引·特典·保証などの取引の提案／商品

コンテンツエリア（共感コンテンツ）

見込み客の興味を惹きつけるエリア

役割 自分に関係のあるページだと感じてもらう
訴求内容 悩み／不安／問題

実はそれ！

肌のバリア機能の低下が原因です！

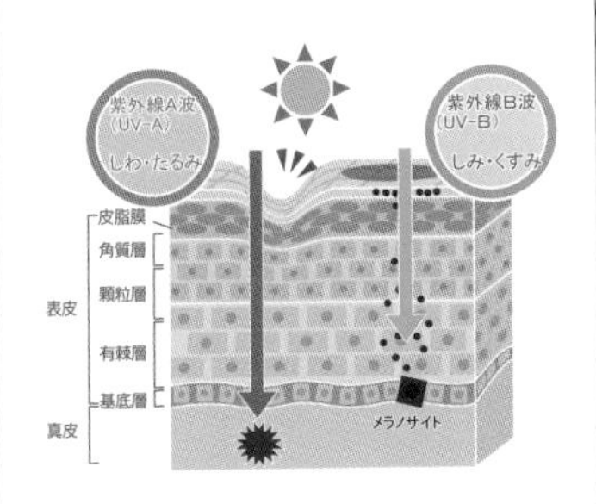

正しくケアができていないとバリア機能が低下し、肌トラブルが起きやすい肌になってしまいます。

コンテンツエリア（問題提起コンテンツ）

見込み客の興味を惹きつけるエリア

役割 解決策を知りたいと感じてもらう
訴求内容 悩みや不安や問題の原因

今までのスキンケアに
足りなかったのは

「浸透力」

40代からのお手入れは
ナノ化した美容成分が
解決の鍵！

角質層
表皮
真皮
皮下組織
加水分解した特許成分
ナノ化した美容成分
皮下脂肪

コンテンツエリア（解決策コンテンツ）

見込み客の興味を惹きつけるエリア

役割 解決したいと感じてもらう

訴求内容 今まで知らなかった解決策

コンテンツエリア（提案コンテンツ）

商品に興味を惹きつけるエリア

役割 商品のベネフィットを知ってもらう

訴求内容 ベネフィット／商品

テマヒマセラムが選ばれる理由

1. 先端技術を使ったナノ化製法で
お肌の奥※までしっかり浸透！

※角質層まで

コラーゲン・ヒアルロン酸による保湿でお肌にハリとツヤを与えます。肌を構成するこれらの成分が失われることで弾力のない、残念な肌になってしまいます。しっかりと保湿することで本来の健康的で美しい肌を取り戻せます。

2. コラーゲン・ヒアルロン酸による保湿で
お肌にハリとツヤを！

コラーゲン・ヒアルロン酸による保湿でお肌にハリとツヤを与えます。肌を構成するこれらの成分が失われることで弾力のない、残念な肌になってしまいます。しっかりと保湿することで本来の健康的で美しい肌を取り戻せます。

3. プッシュタイプのノズル採用だから
時間をかけずに簡単に使える！

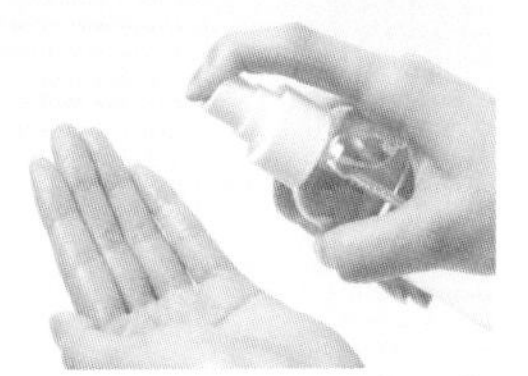

1プッシュで適量を出せるので、分量を気にせずサッとご使用いただけます。スキンケアを時短してリラックスタイムをお楽しみください。

コンテンツエリア（商品特徴コンテンツ）

商品への理解を促進するエリア

役割 商品の特徴について理解してもらう
訴求内容 商品特徴

コンテンツエリア（ベネフィットコンテンツ）

商品に興味を惹きつけるエリア

役割 使ってみたいと感じてもらう
訴求内容 ベネフィット

オファーエリア

見込み客が買うかどうかを決める重要なエリア

役割 購入を決断させる
訴求内容 割引·特典·保証などの取引の提案／商品

肌の違いに驚く人が増えています！

やっと出会えました！

半年前くらいから肌の調子が「あれっ？」て感じだったのですが、テマヒマセラムを使ってから、肌の潤い感が変わりました。友達にもお勧めしてます！

34歳
A様

しっとり感に驚きです！

今まで使っていたものが急に合わなくなってしまって…。浸透力が違うというところに惹かれてテマヒマセラムを試してみたのですが、今ではもう手放せなくなっています。ありがとうございます。

40歳
K様

娘に褒められて幸せです！

テマヒマセラムのおかげで、娘が「ママきれい！」と言ってくれるようになりました。年齢を言い訳にせず、自分に合う商品を探し続けていて良かったです！

43歳
M様

モニターアンケートでも86%の方が
「使い続けたい」と回答！

肌のしっとり感に感動♪

86%

お化粧のノリが良くなりました！

コンテンツエリア（実績評価コンテンツ）

商品への信用を得るエリア

役割 商品の価値を信じてもらう
訴求内容 ベネフィット／顧客の声

テマヒマシリーズは
100万個突破！

有名女性誌でも紹介！

テマヒマ洗顔は
大人気！

インスタグラムでの紹介も多数！

コンテンツエリア（実績評価コンテンツ）

商品への信用を得るエリア

役割 商品の価値を信じてもらう
訴求内容 ベネフィット／顧客の声／メディア実績

コンテンツエリア（ベネフィットコンテンツ）

商品に興味を惹きつけるエリア

役割 使ってみたいと感じてもらう
訴求内容 ベネフィット

オファーエリア

見込み客が買うかどうかを決める重要なエリア

役割 購入を決断させる
訴求内容 割引･特典･保証などの取引の提案／商品

Q&A
よくあるご質問
Q. 1本でどのくらい持ちますか？ ＋
Q. 他のアイテムと併用できますか？ ＋
Q. 敏感肌でも使えますか？ ＋
Q. 定期コース以外の買い方はありますか？ ＋
全成分
成分名/成分名/成分名/成分名/成分名/成分名/成分名

コンテンツエリア（その他コンテンツ）

購入への安心感を得るエリア

役割 購入の不安を解消してもらう
訴求内容 Q&A／商品スペック／申込方法／製造過程／企業情報

はじめに

この本で伝えたいことは、マーケティングを成功へと導く方法です。ランディングページを制作するデザイナーの方がデザインの手法を学ぶ本ではなく、経営者やマーケターといった事業を成長させる役割を担っている方が、マーケティングを実践するための本です。もしあなたが直接ランディングページを作る役割ではなかったとしても、ランディングページというわかりやすい題材をもとに、マーケティングを理解するための学びの機会を得られる構成となっています。もちろんデザイナーの方にとっても、スキルアップにつながる内容になっているのでご安心ください。

多くの企業が、集客に課題を抱えています。その理由は、集客を成功させるためのマーケティングについて理解し、実践できている企業が少ないからです。私たちがマーケティングを学ぼうとする時、その多くは実践的なものではありません。いろいろな用語や分析手法、フレームワークなどを教えられるばかりで、それらをどう扱えば収益を上げられるのかについては、誰も教えてくれません。また、それらを理解するために紹介されている事例は大企業のものが多く、その事例を自身のビジネスに置き換えて考えることが、多くの人にとっては難しくなっています。そのため、より具体的なノウハウを求めて、広告やSNS運用など特定の施策の専門家にマーケティングを頼っています。しかし、それでは短期的・部分的にはうまく行ったとしても、長期的・全体的にはうまく行かないことが多いです。なぜなら、マーケティングとは見込み客が顧客になるまでの、一連の流れを最適化する活動だからです。その結果、ほとんどの人が得た知識を実践できず、世の中の多くのマーケティングが失敗に終わってしまっています。

そこで、ランディングページをテーマに、マーケティングの全体像を理解できる本を書くことにしました。ノウハウをただ紹介するだけの本ではなく、売れるLP改善のアクションを通じてマーケティングの理論を学び、そして実践に取り組むことで、経営者やマーケターのマーケティングスキルの土台を高められる内容になっています。ランディングページは言わば、web上の売り場です。webを活用した集客を行うなら、どんなビジネスでも必要になるのがランディングページです。誰もが持っている（はずの）、目の前にある売り場を題材に、実践的なマーケティングの理論を紹介することで、マーケティングについてぼんやりとしか理解できていない人も、過去にマーケティングを学んで挫折した人も、これからマーケティングを学びたい人にも、わかりやすく実践しやすい本にしました。

本書では、LP改善の方法を7つのステップに分けて紹介しています。この7つのステップそれぞれで、マーケティングの理論と実践の方法について紹介しています。そのため、各ステップのアクションに取り組むことで、マーケティング上の課題も同時に見えてくるというしくみになっています。もちろん、7つのステップに沿ってアクションすることで、ランディングページのパフォーマンスが改善され、今よりも多くの成果を得られることは言うまでもありません。

マーケティングが「売れるしくみを作ること」だということを理解して実践する人が増えれば、よい商品が必要な人に届けられる機会を増やすことができ、売り手も買い手もハッピーになれます。私はマーケティングの普及によって、そんな世の中を目指しています。

この本が、あなたの事業がより成長するきっかけとなれば幸いです。

本書の構成

第1章　なぜランディングページが重要なのか？

web広告におけるランディングページの役割やその定義、基本原則についての解説を行います。また、なぜランディングページを改善するべきなのか？　その理由と、メリットについて紹介します。

第2章　売れるランディングページの3要素

ランディングページを改善する上で重要な3つの要素「ベネフィット」「コンテンツ」「オファー」の解説を行います。また、効果的に改善を行うための7つのステップについて紹介します。

第3章　LP改善チャレンジSTEP①実践的リサーチ

LP改善のための最初のステップである「実践的リサーチ」の解説を行います。実践的リサーチでは、顧客、商品、競合の3者についての情報を調べ、シートに整理します。

第4章　LP改善チャレンジSTEP②テコ入れ対象の整理

LP改善のための2つ目のステップである「テコ入れ対象の整理」の解説を行います。現在のランディングページのどこを、どのようにテコ入れするべきかを見つけ、優先順位を決めます。

第5章　LP改善チャレンジSTEP③シナリオの再設計

LP改善のための3つ目のステップである「シナリオの再設計」の解説を行います。見込み客を顧客に変えるためのシナリオを、顕在層向け、潜在層向けに設計します。

第6章　LP改善チャレンジSTEP④ファーストビューエリアの再設計

LP改善のための4つ目のステップである「ファーストビューエリアの再設計」の解説を行います。キャッチコピー、メインビジュアル、構成案の3つのアクションによって、ファーストビューエリアを作成します。

第7章　LP改善チャレンジSTEP⑤オファーエリアの再設計

LP改善のための5つ目のステップである「オファーエリアの再設計」の解説を行います。オファーを決める、オファーエリアを構成するの2つのアクションによって、オファーエリアを作成します。

第8章　LP改善チャレンジSTEP⑥コンテンツエリアの再設計

LP改善のための6つ目のステップである「コンテンツエリアの再設計」の解説を行います。興味づけ、価値訴求、証拠の3種類のコンテンツによって、コンテンツエリアを作成します。

第9章　LP改善チャレンジSTEP⑦ランディングページのデザイン

LP改善のための7つ目のステップである「ランディングページのデザイン」の解説を行います。注意、理解、行動を生み出す6つのタスクによって、ランディングページのデザインを仕上げていきます。

第10章　売れるランディングページを完成させるABテスト

LP改善において欠かすことのできない、ABテストの方法を解説します。また、ランディングページを検証し、評価するための3つの重要指標についての解説を行います。

第11章　ランディングページの成果を最大化する方法

ランディングページの効果を最大限に発揮する方法として、ターゲット別LP、記事LPの解説を行います。また、ランディングページを軸としたマーケティングの展開方法についてご紹介します。

目次 contents

第3章　LP改善チャレンジSTEP①実践的リサーチ

第4章　LP改善チャレンジSTEP②テコ入れ対象の整理

contents

第5章　LP改善チャレンジSTEP③シナリオの再設計

第6章　LP改善チャレンジSTEP④ファーストビューエリアの再設計

第7章　LP改善チャレンジSTEP⑤オファーエリアの再設計

第8章　LP改善チャレンジSTEP⑥コンテンツエリアの再設計

contents

第9章 LP改善チャレンジSTEP⑦ランディングページのデザイン

第10章 売れるランディングページを完成させるABテスト

第11章　ランディングページの成果を最大化する方法

LP改善入力用シートのダウンロードについて

本書の解説に使用しているLP改善入力用シートは、下記のページよりダウンロードできます。ダウンロード時は圧縮ファイルの状態なので、展開してから使用してください。

https://gihyo.jp/book/2023/978-4-297-13489-1/support

免責

本書に記載された内容は、情報の提供のみを目的としています。したがって、本書を用いた運用は、必ずお客様自身の責任と判断によって行ってください。これらの情報の運用の結果、いかなる障害が発生しても、技術評論社および著者はいかなる責任も負いません。

本書記載の情報は、2023年3月現在のものを掲載しています。ご利用時には、変更されている可能性があります。OSやソフトウェア、webページなどは更新や変更が行われる場合があり、本書での説明とは機能や画面などが異なってしまうこともあり得ます。OSやソフトウェア、webページ等の内容が異なることを理由とする、本書の返本、交換および返金には応じられませんので、あらかじめご了承ください。

以上の注意事項をご承諾いただいた上で、本書をご利用願います。これらの注意事項に関わる理由に基づく、返金、返本を含む、あらゆる対処を、技術評論社および著者は行いません。あらかじめ、ご承知おきください。

1章

なぜランディングページが重要なのか？

どれだけ広告しても売れない理由

webを使って集客をする場合、web広告を出稿するのがもっとも効果的な手段です。ですが、多くの企業が「web広告を出しても売れない」と悩んでいます。なぜ、広告を出しても売れないのでしょうか？

集客における広告の役割とは

そもそも、広告の役割はなんでしょうか？　広告の役割は、見込み客に対して自社の商品を知ってもらい、興味を持ってもらうことです。一方、一般的に広告は「自分たちの見たいものを邪魔するもの」「見たくもないのに見せつけられるもの」と認識されています。そのため、多くの人にとって広告はじっくりと見る対象ではなく、スルーされる対象になっているのです。

ところが多くの企業は、こうした見込み客の気持ちに気づいていません。そのため、商品の特徴やキャンペーン情報などをひたすら伝えるだけだったり、意味が伝わりづらいメッセージを作ってしまったり、誰も知りたくない企業の想いを伝えてしまったりします。そもそも見込み客は、あなたの商品にも、会社にも、興味を持っていません。そんな見込み客の注意や関心を引き、広告の先にある情報を知りたいと思ってもらえなければ、集客はできないのです。

◎よくある広告の間違い

商品の特徴を強調	キャンペーン情報を強調	企業メッセージを強調
・●●機能搭載！ ・●●成分を新配合！ ・●●サポートも充実！	・50%OFF キャンペーン！ ・1000円OFF クーポンプレゼント！ ・今がお得！	・お客様を第一に考えています ・環境に配慮した会社です ・●●にこだわって作っています

広告で売れるようにする方法

このように、見込み客は広告に対して最初からネガティブな感情を持っています。そんな見込み客に対して広告で売れるようにするには、押さえておくべき3つのポイントがあります。それが、

①ターゲットに接触できる媒体に出す
②ターゲットが反応する広告を作る
③反応したターゲットを説得できる導線を作る

の3つです。まずは、①あなたの商品の見込み客となる人たちに接触できる媒体に広告を出すことが大切です。web広告の場合は、検索キーワードに合わせた広告を出せる「検索広告」や、媒体が持っているweb上の行動データを使って広告を出せる「ディスプレイ広告」や「動画広告」を活用できます。

①によってターゲットに接触できたら、次は②ターゲットに反応してもらうための広告が重要になります。思わず目を止めてしまうビジュアルや、興味をそそられるメッセージによって、見込み客はその広告に注目し、より多くの情報を知りたいと考えます。ですが、それだけでは、見込み客はまだ様子見の状態です。そこで、③反応したターゲットを説得するための導線が必要になります。その説得をする役割を担うのが、ランディングページなのです。

◎広告で売るための3つのポイント

ターゲットに接触できる媒体に出す

・商品を探すための具体的な行動を取っている見込み客には検索広告
・商品を探していない見込み客にはディスプレイ広告、動画広告

ターゲットが反応する広告を見せる

・検討している商品がある見込み客には、キャンペーン情報を訴求
・比較している商品がある見込み客には、他社との違いを訴求
・商品を検討していない見込み客には、得られる結果を訴求

反応したターゲットを説得する導線を用意する

売れるランディングページ

web集客の要ランディングページとは

web集客がうまくいくかどうかは、ランディングページによって決まります。ランディングページは、単なるペラ1枚のページのことだと思われがちですが、そうではありません。ランディングページの基本原則について紹介します。

ランディングページの定義

ランディングページは、広告を見て関心を持った見込み客が最初に訪れる着地ページです（ランディング=着地の意味です）。そのため、広い意味ではすべてのwebページがランディングページであると言えます。webサイトのトップページも、会社概要のページも、商品説明のページも、すべてのページに見込み客が訪れる可能性があるからです。

ですが、それらはこの本で取り扱うランディングページではありません。私たちに必要なのは、見込み客が最初に訪問し、他のページを回遊することを目的とした着地ページではありません。そうではなく、ページに訪れた見込み客を商品を購入する顧客へと変化させるための、「顧客化ページ」なのです。広告で興味を引かれて訪れた見込み客を説得し、購入へと促すセールスページが、ランディングページです。web上で24時間働き続ける営業マンだと考えていただければわかりやすいと思います。

◎webサイトのページとランディングページの違い

webサイト

複数のページを見ないと必要な情報を集められないので、効果的に情報提供できない。

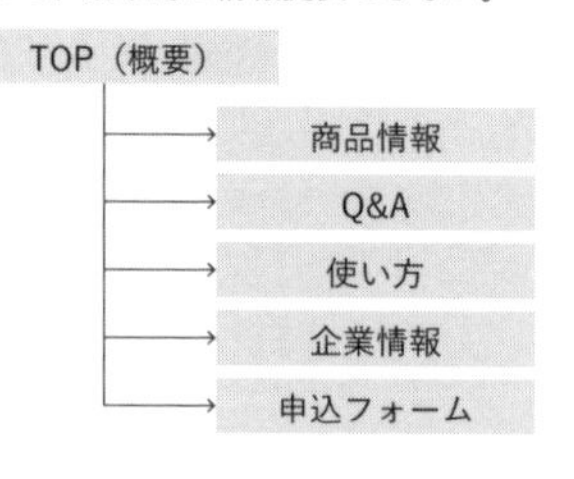

ランディングページ

1枚のページに購入するために必要な情報が集められているので、効果的に情報提供できる。

購入に必要な
すべての情報

ランディングページの基本原則

ランディングページには、基本原則があります。それは、訪れた見込み客に対して、買うか買わないかの二択を迫ることです。ランディングページでは、商品を購入するか、ページを閉じるか以外の選択肢を作らないことが原則です。多くのページで構成されるwebサイトの場合、1つのページからさまざまなページへ移動することができます。すると、見込み客に複数の選択肢を与えることになります。その結果、本人の見たい情報しか見てもらえないことになり、こちらが伝えたい情報を十分に伝えることができません。必要な情報に辿り着けず、諦めてしまうこともあります。すると、商品を買うまでの導線を作ることができず、見込み客は何も買わずにそのサイトから出て行ってしまいます。

一方、ランディングページでは、余計なページへとリンクさせない仕様になっています。見込み客が商品を買うために必要な情報を複数のページに分散させず、1枚のページに詰め込んでいます。そのためランディングページは、縦に長いページになりがちです。ランディングページを訪れた見込み客は、ページの一番上から見始め、下へ下へとスクロールしていきます。見込み客の興味を引きつけ、説得するための内容を上から順に並べることで、こちらが伝えたいことを伝えたい順番で見込み客に伝えることができます。その結果、ページの下の方で、購入へと導くことができます。

◎ランディングページの基本的な構成

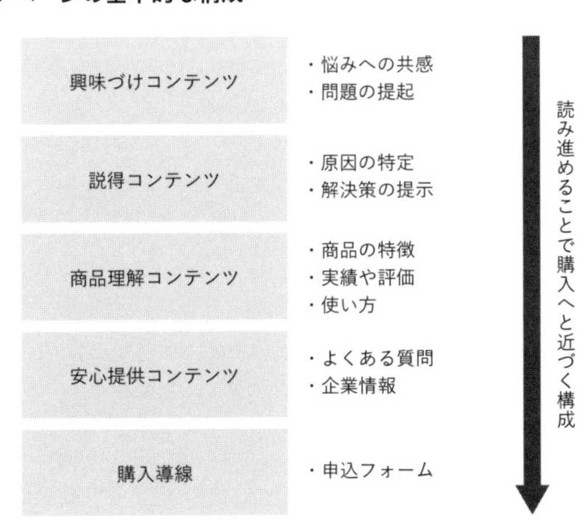

ランディングページを改善する必要性

ランディングページは、「作ってからがスタート」です。何年も同じランディングページを使っていたのでは、集客を改善することはできません。ここでは、LP改善の必要性についてお伝えします。

世の中のランディングページの多くはただのページ

ランディングページは、広告を見た見込み客を顧客へと変える役割を担うページです。しかし、ランディングページを作った多くの企業が、思うように集客できていないと感じています。そして広告に問題があると考え媒体を変更したり、広告代理店を変えたり、webで集客することを諦めてしまったりします。

しかし、ランディングページを作っても売れていない原因は、媒体や代理店とは限りません。例えば、「こんな特徴があります！」と商品をアピールしているだけだったり、「私たちはこんな会社です！」と自社をアピールしているだけだったりします。ひどい場合は、文字が多すぎたり、小さすぎたり、商品のスペックを羅列したカタログのようなページだったりします。このようなページはランディングページとは言えず、「ただのページ」にすぎません。

◎ダメなランディングページの例

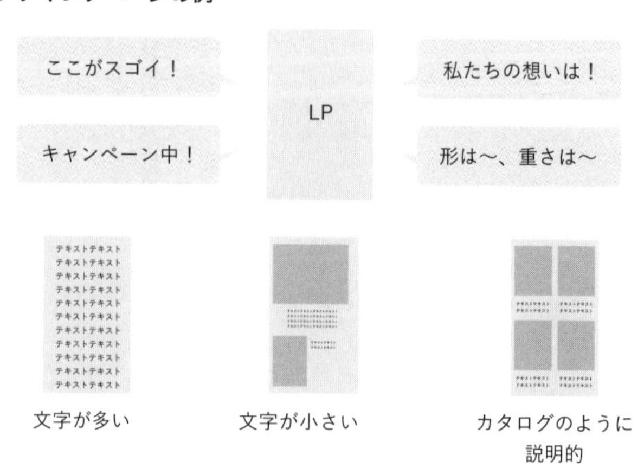

ランディングページとは運用するもの

集客ができていない時、多くの場合、原因はランディングページにあります。web広告では、あらかじめターゲットを絞って広告を出しているはずです。そのため、まったく興味のない人がランディングページに訪れるということは少ないと考えられます。商品に興味を持った見込み客が商品を購入するかどうかは、ランディングページで伝える情報によって決まります。顧客を増やせない原因のほとんどは、ランディングページにあるのです。

ランディングページは、「作って終わり」ではありません。公開してからがスタートです。ランディングページを公開した段階で、それは仮説にすぎないからです。見込み客に対して、刺さる表現や納得を引き出すための情報を十分に届けられているかどうかが、そこから問われていくのです。

ランディングページを使って集客できているかどうか、どこがよくてどこがダメなのかは、データで把握することができます。例えば商品の特徴を紹介した以降の滞在率が低かった場合、訴求内容を変えることで改善を行うことができます。集客結果のデータを見て判断し、すぐに変更を加えられるweb集客のメリットを活用することで、売れないランディングページを売れるランディングページへと進化させることができます。ランディングページの改善を積み重ねることによって、「今よりも売れるランディングページ」を手に入れることができるのです。

◎改善の積み重ねによって進化するランディングページの図

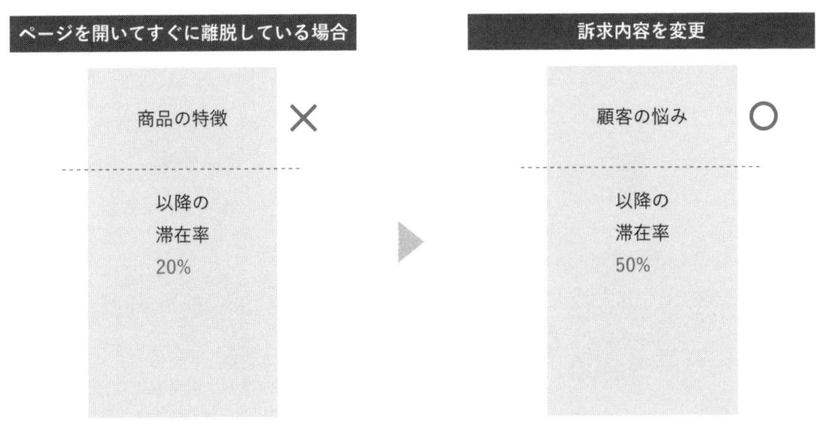

LP改善によるメリット

ランディングページを改善すると、3つのメリットがあります。それは、①顧客が増える、②獲得単価が下がる、③利益が増えるの3つです。これまでに比べてお金をかけず、多くの集客ができるようになるため、利益が出やすくなります。そして、事業を安定的に成長させられるようになります。

LP改善のメリット① 顧客が増える

ランディングページを改善すると、顧客が増えます。なぜなら、改善前に比べて見込み客の興味を引きつけられるようになったり、商品や売り手への納得を引き出せるようになったりすることで、購入を決断してもらいやすくなるからです。それにより、コンバージョン率が高まります。コンバージョン率は「成約数÷訪問数」で計算され、成約率ともいいます。

例えば、「寝る前の1ポイントケアで朝の潤いが違う」という訴求をしている美容液のランディングページのコンバージョン率が1%だったとします。このランディングページに、潤いを与える秘密や、効果を後押しする理由、第三者からの評価などを追加することで、コンバージョン率が3%になったとします。その結果、見込み客が顧客へと変わる確率が上がり、顧客の数を増やすことができます。

◎顧客を増やすLP改善の例

これだけでは「なぜそう言えるのか？」という疑問への回答がない

潤いを与える秘密
（製品特徴）

効果を後押しする理由
（独自の特徴）

第三者からの評価
（顧客の声／よくある質問）

根拠となる情報を伝えることで
見込み客の疑問に答えられれば、
購入を検討してもらいやすくなる

LP改善のメリット② 獲得単価が下がる

ランディングページを改善すると、顧客の獲得単価が下がります。これまでと同じ集客コストで、これまでよりも顧客の数が増えることで、1人あたりに必要な集客コストが少なくなるからです。この「顧客1人あたりに必要な集客コスト」のことを、獲得単価といいます。獲得単価は、「使った広告費÷増えた顧客数」で計算されます。例えば、100人来て1人が買うランディングページがあり、100人の見込み客を集めるために広告費を1万円使っていたとします。この時、獲得単価は「広告費1万円÷顧客1人」で、1万円になります。LP改善によって100人来て3人が買ってくれるようになると、100人の見込み客を集めるための広告費は変わらないので、獲得単価は「広告費1万円÷顧客3人」で約3,333円となります。

	コンバージョン率	見込み客の訪問者数	購入者数	広告費	獲得単価
改善前	1%	100人	1人	10,000円	10,000円
改善後	3%	100人	3人	10,000円	3,333円

LP改善のメリット③利益が増える

ランディングページの改善によって獲得単価が安くなると、同じ人数の集客に必要なお金が減ることになります。例えば1億円の広告費を使い、獲得単価1万円で1万人の顧客を増やしている場合、LP改善によって獲得単価が9千円になれば、1万人の顧客を9千万円で集客できるようになります。すると、残った1千万円は利益として残すことができます。この1千万円をさらに広告費に回せば、追加で1,111人の顧客を増やすことができるかもしれません。つまり、LP改善によってコンバージョン率を高めることは、事業の成長に大きく貢献できるということなのです。

	獲得単価	獲得数	広告費
改善前	10,000円	10,000人	100,000,000円
改善後	9,000円	10,000人	90,000,000円
		差	10,000,000円

column　ランディングページは見込み客の終着地点

ランディングページを改善することは、事業成長の大きなメリットになります。なぜなら、webでの集客において、申込や購入を完了させる場所がランディングページだからです。web集客の導線は、web広告、SEO対策（Googleの検索結果に表示させるための対策）、webPR、InstagramやTwitterなどのSNS、YouTubeやTikTokといった動画メディアなどさまざまです。また、TVやチラシなどのオフライン広告から検索へ誘導するという方法もあります。ですが、どのような導線をたどったとしても、最終的に辿り着く場所は常にランディングページなのです。

ランディングページが見込み客の興味を引きつけ、納得を引き出し、購入を決断するための場所として機能していれば、そこに見込み客を連れてくる方法は何でもかまいません。多くの企業が、広告媒体を変えたり、SEO対策にお金を使ったり、SNSアカウントの運用にリソースを割いたりしています。しかし、ランディングページが変わりさえすれば、集客のための施策が多少うまく機能していなかったとしても、顧客を増やすことができます。反対にランディングページに顧客化力がなければ、どれだけ広告をうまく運用しても、SNSアカウントのフォロワー数が多くても、顧客を増やすことはできません。

にも関わらず、多くの企業が集客しようと広告媒体を増やしたり、運用する代理店を替えたり、フォロワーを増やそうと毎日のSNS投稿にリソースを費やしてしまったりしています。これでは、どれだけバケツに水を注いでも、バケツの底に穴が空いている状態です。そのため、見込み客が最終的に買うかどうかを決めて、行動を取る場所であるランディングページを改善して、顧客化力を高めることが大切になるのです。

2章

売れるランディングページの
3 要素

よくあるLP改善と売れるLP改善の違い

ランディングページの改善に取り組んでいる企業は増えてきましたが、効果的に改善できていないと感じている企業も多いようです。成果につながりにくいよくあるLP改善と、売れるLP改善の違いについてご紹介します。

よくあるLP改善と売れるLP改善

ABテスト、LPOなど、LP改善の手法は広く知られるようになりました。しかし、実はその多くが小手先のものにすぎません。ボタンの色を変えたり、画像を変えたり、コピーの言い回しを変えたりと、単純に見た目を変えているのにすぎないからです。これでは、売れるランディングページを作るためには不十分です。

売れるLP改善では、見た目を変えるだけの小手先の変更ではなく、誰に・何を・どのように伝えるのかの「中身」に変更を加えます。多くの見込み客が、ランディングページをしっかりと読むことなくページを閉じています。それは、「ここには自分の求める情報がない」と判断したからです。こうした見込み客に訴えかけるには、ターゲットを変えたり、訴求軸を変えたり、伝える情報を変えたりすることで、見込み客の興味を商品に引きつける必要があります。見込み客が興味を持ち、納得して、購入を決断してもらう理由となるような情報に変更することで、今まで買わない選択をしていた人にも買ってもらえるランディングページになります。

人が商品を買う根本的な理由

私たちが商品を買うのは、多くの場合、商品そのものがほしいからではありません。その商品を利用することで手に入る結果がほしいから、購入するのです。私たちは、悩みが解消されたり、問題が解決されたり、理想的な状態になったりするための手段として商品を手に入れています。化粧品を買うのは美しくなりたいから、ジムに通うのは健康的な体を手に入れたいからです。そのため、商品を買ってもらうには見込み客がランディングページの情報を受け取った時に、「この商品を利用すればプラスの結果が手に入る」と信じてもらう必要があるのです。

◎よくあるLP改善と売れるLP改善の違い

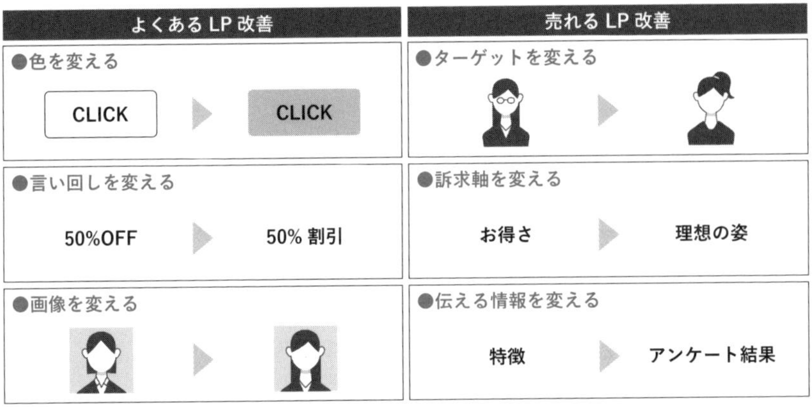

よくある LP 改善	売れる LP 改善
●色を変える CLICK ▶ CLICK	●ターゲットを変える
●言い回しを変える 50%OFF ▶ 50% 割引	●訴求軸を変える お得さ ▶ 理想の姿
●画像を変える	●伝える情報を変える 特徴 ▶ アンケート結果

売れるかどうかを決めるランディングページの3つの要素

ここで、見込み客が商品を買うかどうかを決める、3つの判断基準について紹介します。それは、「どのような結果が得られるのか？」「なぜそれを信じられるのか？」「お買い得か？」の3つです。この3つの情報が、売れるランディングページになくてはならない「ベネフィット」「コンテンツ」「オファー」の3つの要素になります。商品が顧客に与えるプラスの変化を表すのが「ベネフィット」、商品や売り手を信じてもらうための証拠となるのが「コンテンツ」、取引条件の提案となるのが「オファー」です。これらの要素が見込み客にとって納得のいく内容ではない時、見込み客はランディングページから出て行ってしまいます。次節から、これら3つの要素について順番に解説していきます。

	意味	役割
ベネフィット	手に入るプラスの結果	興味を引きつける
コンテンツ	信用するために必要な情報	納得させる
オファー	取引の条件	購入を決断させる

課題を解決するベネフィット

見込み客が買うかどうかを決めるための3つの要素の1つ目、ベネフィットについて紹介します。ベネフィットは、ランディングページで見込み客の興味を引きつけるために重要な役割を果たしています。

顧客の求めるベネフィットとは

ベネフィットとは、利便性やメリットのことです。商品を使うことで手に入る価値、つまりプラスの結果を意味しています。例えば美容液を買う理由は、スキンケアをするためです。美容液には、「乾燥した肌が潤う」というベネフィットがあると言えます。人は理想を叶えるために、目の前の課題を解決したいと思っています。そして、その課題を解決するための手段として商品が存在します。つまり、顧客がお金を払って商品を手に入れるのは、ベネフィットを手に入れるためだと言えます。ランディングページで「この商品を使えば、どのような結果が手に入るのか」すなわちベネフィットを訴求できていなければ、見込み客は買わずに出て行ってしまいます。ベネフィットとは、顧客に対して商品が提供する価値であり、顧客に対する売り手からの約束なのです。

◎顧客が商品を買う理由

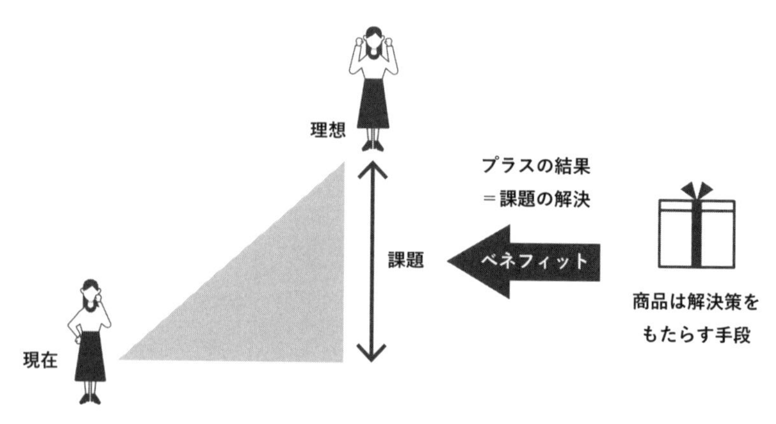

「機能」と「感情」2つのベネフィット

ベネフィットは、大きく機能的ベネフィットと感情的ベネフィットに分けることができます。機能的ベネフィットとは、商品が持つ特徴によって手に入るプラスの変化のことです。例えば、美容液を使えば保湿ができて肌が潤います。この時、配合成分の保湿作用によって得られる「肌が潤う」というプラスの結果が、機能的ベネフィットになります。また、その美容液がプッシュすれば出る仕様の容器を採用している場合、「容器のフタを開ける手間がない」ということも、機能的ベネフィットになります。

一方、感情的ベネフィットとは、機能的ベネフィットを手に入れた時に感じるポジティブな感情の変化のことです。例えば、美容液を使って肌が潤い、若く見える自分になれた時、それによって自信を取り戻せたと感じたり、周りから褒められたりすると、感情がプラスに動きます。このポジティブな感情の変化が、感情的ベネフィットです。

機能的ベネフィットと感情的ベネフィットのどちらが重要かは、売る相手によって変わります。課題が具体的で自分に必要なことがわかっている見込み客は、直接的な解決策となる機能的ベネフィットに反応します。一方、漠然とした悩みを抱えている状態の見込み客は、今の自分に必要な解決策をわかっていないので、機能的ベネフィットだけでは興味を持ってくれません。そのため、感情的ベネフィットを伝えて、興味を引きつける必要があります。

◎機能的ベネフィットと感情的ベネフィット

機能や仕様	機能的ベネフィット	感情的ベネフィット
オールインワンジェル	ハリツヤのある 若々しい肌になれる	肌に自信が持てる

・保湿成分配合
・1本で5つの役割

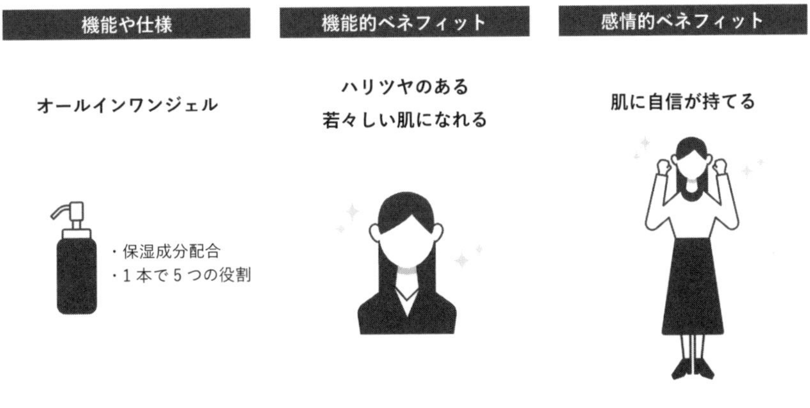

信用を作るコンテンツ

見込み客が買うかどうかを決めるための3つの要素の2つ目、コンテンツについて紹介します。コンテンツは、ランディングページで見込み客の信用を得るために重要な役割を果たしています。

興味を持っても買わない理由

ベネフィットを伝えられ、自分の求める価値が手に入る商品だと知っても、見込み客はすぐには買おうとしません。なぜなら、その情報を信じていないからです。道端ではじめて会った人にいきなり商品を紹介されても、買うことはないのと同じことです。例えば「新発見の×××成分でお肌が劇的に変わる！」「今までにないスキンケア」と言われて興味を持ったとしても、「本当に？」と思うはずです。それは、自分に商品を売りつけるために、売り手が都合のよいことを言っているだけだろうと思うからです。こうした疑いを晴らし、信用を得るためには、見込み客に納得してもらえるだけの十分な情報が必要になります。それらの情報によって商品とその売り手に対して「信用できる」と思った時、見込み客はようやく、その商品を買うかどうかを検討してくれます。

◎見込み客の感じる疑い

本当にそんな効果があるのだろうか？

自分にも効果があるのだろうか？

この売り手を信じてもよいのだろうか？

人が信用するために必要なもの

信用とは、「信じて用いる」と書きます。これまでの結果や評価をもとに、「対象のことを信じられる」と判断することです。ランディングページに訪れて、聞いたことのない商品を見せられたり、これまで使ったことのない商品を提案されても、見込み客の中にはそれを信じるかどうかを決めるための判断材料がありません。そのため、ベネフィットによって商品に関心を持ったとしても、見込み客は商品や売り手に対して疑いを感じます。そしてその場で疑いを解消できなければ、何も買わずにランディングページから出て行ってしまいます。

ランディングページを活用した集客は、基本的に新規の顧客獲得を目的に行います。商品も、売り手のことも知らない人に買ってもらうためには、コンテンツによって信用を得る必要があります。コンテンツには、商品の特徴や仕様、製造・開発工程、販売実績、顧客からの評価、メディアや第三者機関からの推薦、売り手の事業歴や資格、運営体制などがあります。これらの裏づけとなる情報によって、商品のベネフィットに対する信用を得ることができるのです。

コンテンツの種類	見込み客に与える影響
特徴・仕様	その商品がベネフィットを提供できる理由がわかる
製造・開発工程	不良品をつかまされるという不安がなくなる
販売実績	多くの人が利用しているという安心感
顧客からの評価	自分にも効果的な商品だという安心感
メディア・第三者機関からの推薦	利害関係のない第三者からのお墨付きによる安心感
売り手の事業歴・資格・運営体制など	売り手への信用

買いやすくするオファー

見込み客が買うかどうかを決めるための3つの要素の3つ目、オファーについて紹介します。ランディングページにおいて、オファーは見込み客が最終的に買うかどうかを判断するための重要な要素になります。

オファーがなければ買わない

オファーとは、売り手が買い手に対して提案する、取引条件のことです。見込み客は、商品をほしいと感じて（ベネフィット）、商品と売り手を信用できた（コンテンツ）からといって、必ず買うというわけではありません。商品を手に入れるための支払いが高額であったり、手続きが面倒だったり、不良品を渡されたりする可能性があったりすると、買うのを諦めてしまいます。そして「もっと自分にあった商品があるはずだ」と考え、ランディングページから出て、競合商品を探しにいってしまいます。

見込み客は、購入を検討している時、「期待通りの価値がなかったら損をしてしまう」「うまく使いこなせなかったらどうしよう」「煩雑な手続きは面倒だ」といった不安を感じています。これらはいわば、「損失のリスク」であるといえます。こうしたリスクを、売り手がオファーによって肩代わりすることで、買い手の購入のハードルを下げるのです。

◎オファーの役割

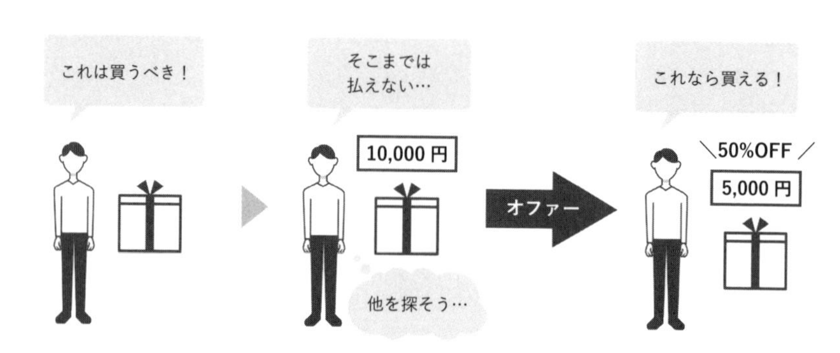

魅力的なオファーの鉄板法則

　ランディングページにおいて、魅力的なオファーを用意するための法則があります。それは、「価値への期待＞支払うコスト」の公式を成立させることです。見込み客は常に、買い物に失敗したくないと考えています。そこで、「顧客が手に入れる価値」を増やすか、「顧客が支払うコスト」を減らすことによって、「今買わないと損だ」と感じてもらうのです。

　そのために利用できるアプローチとして、①割引、②特典、③保証があります。①割引は、通常よりも安い価格で販売する方法です。割引によって、支払うコストを下げることができます。②特典は、おまけの商品を用意する方法です。特典によって、価値への期待を高めることができます。③保証は、返品や返金を受け付けたり、利用のサポートをしたりする方法です。保証によって、支払うコストとしての、失敗のリスクを減らすことができます。これらのアプローチによって、「価値への期待＞支払うコスト」の公式を実現するのです。どのようなオファーがあれば見込み客に「買わないと損だ」と感じてもらえるか、考えてみてください。

◎オファーの鉄板法則と3つのアプローチ

価値への期待 ＞ 支払うコスト

割引	特典	保証
通常価格からの値引き	購入商品以外の商品を無料で追加提供	商品の返品や返金への対応 アフターフォロー

効果的なＬＰ改善のステップとは

ここまで紹介してきた効果的なLP改善には、7つのステップがあります。この手順に沿ってPDCAサイクルを回すことで、ランディングページのコンバージョン率は高まり、事業は安定的に成長していきます。

効果的なLP改善の7つのステップ

LP改善のためには、効果的な手順があります。見込み客を理解し、彼らを説得するための情報を集め、その情報が魅力的に伝わるような表現を作り続けることで、売れるランディングページを作ることができます。この効果的な手順について、本書では以下の7つのステップに整理してお伝えしていきます。

①実践的リサーチ
②テコ入れ対象の整理
③シナリオの再設計
④ファーストビューエリアの再設計
⑤オファーエリアの再設計
⑥コンテンツエリアの再設計
⑦ランディングページのデザインを仕上げる

この7つのステップを踏むことによって、売れないランディングページを売れるランディングページへと改善していきます。7つのステップは、大きく3つの役割に分けられます。売れるランディングページにするための材料を整理する①②③、整理した材料をもとに構成要素に磨きをかける④⑤⑥、注目を集めて、興味を引くランディングページへと仕上げる⑦です。

売れるランディングページの材料とは

最初に、売れるランディングページにするための材料を整理する①②③のステップについて解説します。見込み客は、自分にとって興味のない情報を目にしたり、納得するための十分な情報がないと感じたりすると、すぐにランディングページから出て行きます。そのため、まずは見込み客がどんな課題を抱えていて、どんな方法で解決したいと考えていて、どういう買い方をしたいと思っているのかを知る必要があります。売れるランディングページ作りでもっとも重要なのが、見込み客をよく知ることだと言えます。

そのために行うのが、LP改善の7つのステップの1つ目、実践的リサーチです。実践的リサーチとは、見込み客が買うかどうかを決めるために必要な情報のみにフォーカスしたリサーチのことで、見込み客の内面に着目した情報を集める方法です。見込み客の欲求や課題、価値観などについて知ることで、どんな商品を求めているのか、どんな買い方をしたいのか、買う買わないの境界線がどこにあるのかがわかるようになります。

次に、LP改善の7つのステップの2つ目、テコ入れ対象の整理によって、見込み客の求めていることと、自社がランディングページで訴求し情報提供していることとの間にあるギャップを見つけます。それによって、ランディングページのどこを改善すべきかを明らかにします。

最後に、LP改善の7つのステップの3つ目、シナリオの再設計によって、見込み客の興味を引きつけるための情報の伝え方を考えていきます。

◎売れるランディングページの材料とは

実践的リサーチ	テコ入れ対象の整理	シナリオの再設計
見込み客の内面的情報	現状とリサーチ結果との間のギャップ	見込み客の興味を引きつけるシナリオ

欲求

課題

価値観

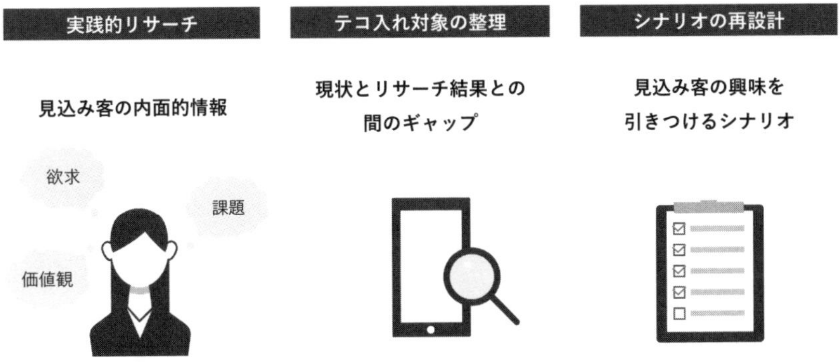

売れるランディングページの構成要素とは

次に、①②③で整理した情報をもとに構成要素に磨きをかける④⑤⑥のステップについて解説します。売れるランディングページ作りの肝となるのが、ランディングページを構成する3つのエリアへのテコ入れです。3つのエリアとは、ファーストビューエリア、コンテンツエリア、オファーエリアです。ランディングページで見込み客を説得する流れである、「興味を引く、信用を得る、お得（損をしない）と感じてもらう」が、これら3つのエリアに対応しています。ファーストビューエリアで興味を引き、コンテンツエリアで信用を得て、オファーエリアでお得（損をしない）と感じてもらうことで、見込み客を顧客化するのです。

見込み客はランディングページに訪れて最初に目にする情報で、その先の情報を見るかどうかを決めます。そのため、ファーストビューエリアはランディングページを見てもらうために重要なエリアになります。コンテンツエリアは、商品と売り手を信用してもらうために重要なエリアになります。そして、商品を買ってもらうために重要になるのが、オファーエリアです。買いたいと思った商品も、オファーによって諦めてしまうことがあるからです。購入の手前まで来た見込み客を逃さないためにも、オファーエリアを魅力的にすることが大切になります。

3つのエリアの内、1つでも見込み客にとって魅力的な内容になっていなければ、検討せずにランディングページから出て行ってしまいます。そのため、ファーストビューエリア、コンテンツエリア、オファーエリアそれぞれに対して、よりよくするためのテコ入れが必要になります。

◎売れるランディングページの構成要素とは

ファーストビュー	コンテンツ	オファー
見込み客の興味を引く	商品と売り手への信用を得る	お得（損をしない）と感じてもらう
気になる	納得！	買わなきゃ！

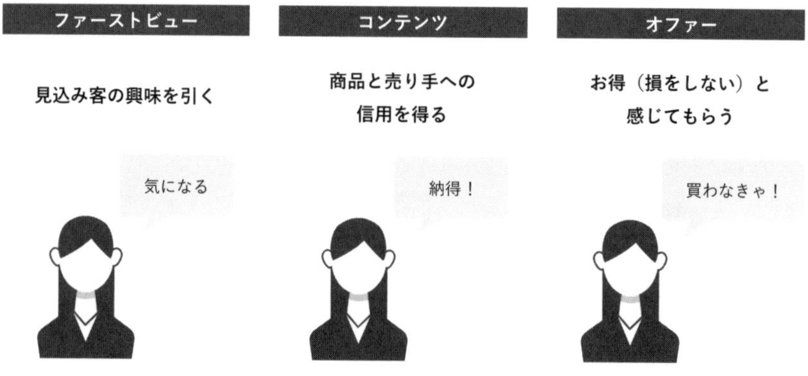

売れるランディングページの仕上げとは

デザインを作るのはデザイナーの仕事ですが、デザイナーに依頼する前にやるべき仕上げの作業が、LP改善の最後のステップ、⑦のランディングページのデザインを仕上げる、です。見込み客の興味を引き、納得を引き出すためにどこをより目立たせるのか、よりスムーズに読み進めてもらうためにどんな文章にするのかといったことは、デザイナーでは判断できません。そのため、文字の大きさを変えたり、接続詞を挟んだり、矢印を入れたり、画像やイラストのイメージを挿入したり、同じような見た目が続かないようにメリハリを出したりと、見込み客に負担をかけずに、こちらが伝えたい内容を伝えるための仕上げを行います。これによって、デザイナーに対してそのランディングページのどこが重要なのかをわかりやすく伝えることができます。そうすることで、ただ文字や画像が配置されただけのメリハリも面白みもないランディングページや、すべての要素が前面に押し出された特売チラシのようなランディングページになることはなくなり、見た目もよく、かつ効果的なランディングページにすることができます。

◎売れるランディングページの仕上げとは

重要度に応じたメリハリがわかるように構成案を作成する

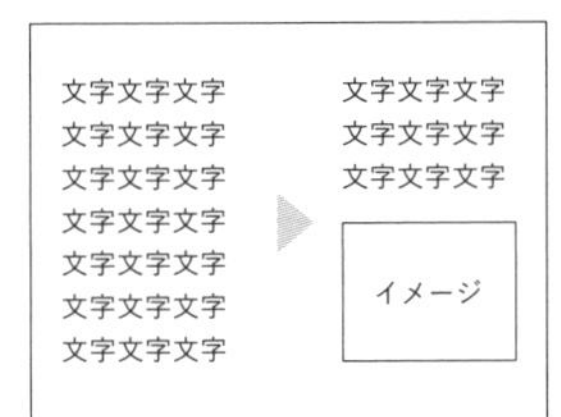

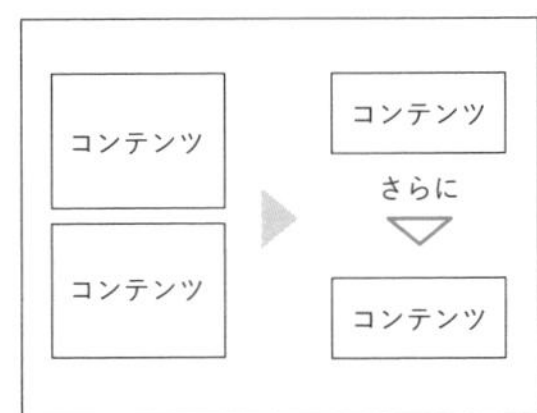

7つのステップを回し続けることが重要

これら7つのステップは、1度行っただけでは不十分です。実践的リサーチをして得られた情報をもとに再設計して、テコ入れに取り組んだとしても、その時点では仮説にすぎないからです。結果を検証することで、その仮説が正しかったかどうかがわかります。よい結果を導けたら、仮説が正しかったと考えられます。その場合は、引き続きその仮説に基づいた打ち手を出していくことで、成果はさらに増え、事業はより大きく成長します。もし、結果が期待通りでなければ、次の打ち手を実行し、よい結果を導ける仮説を探し続けることになります。7つのステップを繰り返すことで、売れるランディングページへと進化させ続けるのが、売れるLP改善のポイントなのです。

そして、考えられる打ち手を実行していくうちに、新たな材料収集が必要になってきます。そこで、リサーチする範囲を広げたり、より深くリサーチをしたり、テコ入れ対象を別のポイントに変えてみたり、シナリオの軸となる訴求を別のものにしたり、ファーストビュー・コンテンツ・オファーそれぞれを別の角度から再設計したりすることで、次のテコ入れに取り組むことになります。集客にかけているリソース量にもよりますが、だいたい半年から1年くらいの期間で、7つのステップを見直すと効果的です。

◎7つのステップを回し続けることが重要

定期的に見直す	常に見直す
①実践的リサーチ	④ファーストビューエリアの再設計
②テコ入れ対象の整理	⑤オファーエリアの再設計
③シナリオの再設計	⑥コンテンツエリアの再設計
	⑦LP のデザインを仕上げる

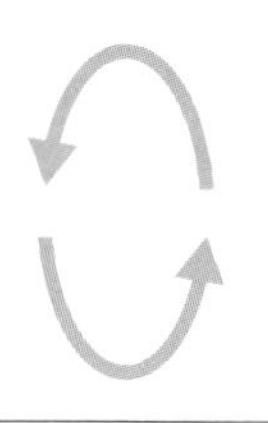

3章

LP 改善チャレンジ STEP ①
実践的リサーチ

STEP①実践的リサーチ

売れるLP改善のステップ1つ目は、実践的リサーチです。ランディングページに欠かせない、見込み客の買いたい気持ちを引き出すために必要な3つの情報について調べます。

3つのリサーチ対象

売れるランディングページを作るためには、7つのステップを踏む必要があります。その最初のステップが、「実践的リサーチ」です。実践的リサーチでは、売れるランディングページを作るために必要な「顧客の情報」「商品の情報」「競合の情報」の3つの情報を調べます。これらの情報を知ることで、顧客が商品に何を求めているのか、何を伝えれば買ってもらえるのかがわかります。

これは、いわゆる「3C分析」です。3C分析とは、「顧客（Consumer）」「自社（Company）」「競合（Competitor）」の3者について調べることで、自社の強みと弱みを把握し、顧客から選ばれる商品を作るための考え方です。本書の実践的リサーチでは、顧客・商品・競合の情報の中から、見込み客を顧客化するために必要な情報に絞って調査を行います。

◎実践的リサーチの調査対象

顧客	商品	競合
・悩み ・欲求 ・課題 ・価値観 ・状態（購入意向度） ・属性（年齢・性別など）	・商品の独自性 ・機能や使用などの特徴 ・実績、評価	・商品の推し ・オファー（割引 / 特典 / 保証、各条件）など

顧客の内面的な特徴とは

実践的リサーチでは、最初に「顧客の情報」を調べます。「顧客分析」というと、一般的にターゲットとなる顧客の性別や年齢、職業、家族構成、居住地などの属性を調べることが多いです。しかし、これらの属性は、売れるランディングページを作るための情報としては不十分です。なぜなら、人はこうした属性的な特徴によって商品を買うわけではないからです。健康に気を遣う若者もいれば、結婚相手を探している高齢者もいます。人が商品を買うのは、属性のためではなく、自分の抱えている課題を解決するためです。現在のマイナスの状況から逃れたい、よりプラスの状況になりたいと感じている時、人はその解決策を求めます。そして、その解決の手段として商品が必要になります。そのため、その人の感情を出発点とした「内面的な特徴」を知ることが大切になります。

顧客の「内面的な特徴」には、①課題、②価値観、③状態の3つがあります。①課題は、顧客が解決したいと思っている問題です。②価値観は、その人の判断基準となる、ものの見方や考え方のことです。③状態は、見込み客の買いたい気持ちの大きさを表したものです。状態には、「何も知らない」「問題は知っている」「解決策を知っている」「解決のための商品を知っている」「その商品も売り手のことも知っている」の5段階があります。段階が進むにつれて、見込み客の買いたい気持ちは高まり、購入へと近づいていきます。これらの3つの内面的な情報によって、見込み客が何を解決したいのか？　その解決方法は何か？　解決のために取っている行動は何か？　などを知ることができます。

◎3つの内面的特徴

課題	価値観	状態
解決すべき問題 解決することで、 理想的な状態になれたり、 悩みが解消されること	判断基準や考え方 買うかどうかを決めるための ものさしとなる、 好き嫌いの基準のこと	買いたい気持ちの度合い 1. 何も知らない 2. 問題は知っている 3. 解決策を知っている 4. 商品を知っている 5. 商品と売り手を知っている

商品が提供している価値とは

次に、「商品の情報」を調べます。顧客にとっての価値とは、抱えている課題の解決であり、理想的な状態への変化であると言えます。顧客は商品そのものではなく、商品を利用することで手に入る価値に対して、お金を払っているのです。この「商品が顧客に提供する価値」のことをベネフィットといいました（P.26）。実践的リサーチでは、自社の商品がどのようなベネフィットを持っているかを調べます。そしてランディングページでは、このベネフィット、つまり「その商品を使うと得られる価値」を伝えます。その商品では自分の求めている価値が手に入らないと感じれば、見込み客はランディングページから出て行ってしまいます。反対に、その商品が見込み客の求めている価値を提供できるということが伝われば、その商品は買ってもらえます。そのためには、あなたの商品のベネフィットを調査し、知っておく必要があるのです。

◎商品が提供するベネフィットの例

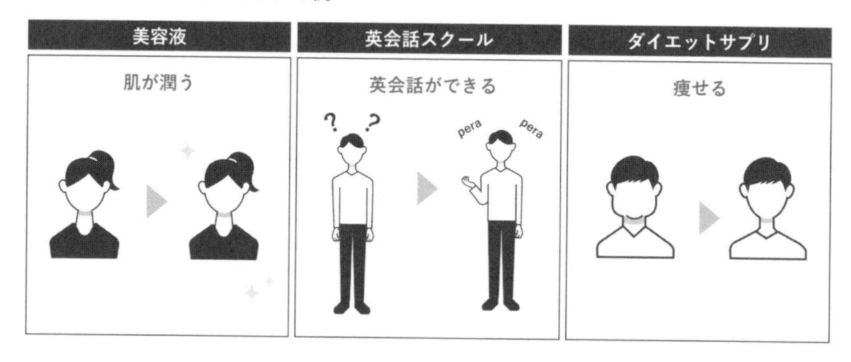

競合商品の提案とは

最後に、「競合の情報」を調べます。競合のリサーチには、注意すべき点があります。それは、「顧客の情報」「商品の情報」に比べて、重要度が落ちるということです。なぜなら、そもそも自社の商品が顧客の求める価値を提供できていなければ、競争相手を気にしても意味がないからです。また、競合を意識しすぎると、競合よりもよくしたいという発想になり、顧客の求めていない機能追加や仕様変更をしてしまうことがあります。そして、こうした機能追加に必要な研究開発や製造にかかるコストは、顧客が被ることになります。競合を意識しすぎると、顧客に求められない商品になってしまう危険性が高まるのです。

とはいえ、競合商品をまったく無視してよいというわけではありません。見込み客は、買い物に失敗しないために、いくつかの商品を比較し、検討します。機能は十分か、評判はどうか、お買い得かどうかなど、さまざまな基準をもとに吟味します。中でも、お買い得かどうかは大きな判断基準となります。なぜなら、比較の対象になっているのは似たような商品であることが多く、同じような商品であればコスパのよい商品を選びたいと感じる人が多いからです。そのため、選ばれる商品にするための材料として、競合が見込み客に対してどのような提案をしているかのリサーチが重要になります。

◎比較される競合商品の提案の例

action1

顧客を知るための情報を集める

売れるLP改善の最初のステップ、実践的リサーチでは、顧客・商品・競合の3つの内、顧客を知るための情報を集めることから始めます。顧客リサーチの3つのタスクについてご紹介します。

顧客リサーチの3つのタスク

それでは、実践的リサーチの第一歩、顧客リサーチを始めていきましょう。顧客リサーチには、①ペルソナを決める、②インタビューを行う、③シートに整理する、の3つのタスクがあります。①ペルソナとは、自社の商品を必要としている理想的な顧客のことです。ペルソナでは、見込み客が現在どのような状態にあるのかを具体的に設定します。例えば商品が美容液の場合は、「肌のケアに悩んでいる女性」といった具合です。そして、机上の空論にならないように、対象となる見込み客に②インタビューを行い、見込み客の頭の中にある具体的な情報を引き出します。最後に、集めた材料を③シートに整理して、実践的リサーチの1つ目、顧客のリサーチが完了します。

◎顧客リサーチの3つのタスク

todo1. 理想的な顧客「ペルソナ」を決める

それでは、実際に理想的な顧客としての「ペルソナ」を決めましょう。すでに顧客がいる場合は、その中からあなたが理想的だと思う相手を1人選んでください。例えば、長く商品を利用してくれている人、たくさん商品を買ってくれている人、新しい顧客をたくさん連れてきてくれる人などです。また、まだ顧客がいない場合は、どのような人があなたの商品を必要としているかを考えて、その人の人物像を描いてみましょう。想像でかまわないので、その人はどのような課題を抱えているか？　なぜその課題を解決したいと思っているのか？　いつからその課題を抱えていて、どのような方法で解決しようとしてきたのか？　なぜまだ解決できていないのか？　など、ペルソナの課題について、考えつく限りの情報を整理しましょう。そして、その人はどのような価値観を持っているのか？　どのような状態にあるのか？　どのような生活行動を取っているのか？　についても、仮説を立ててみてください。

他人の内面を想像することが難しい場合は、AmazonのレビューやYahoo!知恵袋の相談などを参考にしてください。実際のターゲットとなる人たちが、どのような悩みを抱えているのか、何を求めているのかを知ることができます。商品のカテゴリ名や悩みのキーワードで検索して、リアルな声を参考にしながら、仮説に肉づけをしていきます。

◎ペルソナの構成要素の図

●課題
- ありたい状態（理想）
- 悩み（現状）
- 解決のためにやっていること
- 解決できていない理由

など

●属性情報
- 年齢
- 性別
- 職業
- 家族構成
- 居住地
- 収入

など

●価値観
- 好きなこと（もの）、嫌いなこと（もの）
- 商品を買う時に重視していること
- 日々の生活で大事にしていること
- やらないと決めていること
- 物事を判断する時の判断基準
- 物事を判断するための情報源

など

case1. 理想的な顧客「ペルソナ」を決める

ここからは、架空の美容液「テマヒマセラム」を題材にペルソナを決めていきましょう。「テマヒマセラム」はこれから販売を始める商品なので、既存の顧客は実在しません。そこでどのような顧客がペルソナになるかを調べるために、まずは他社商品のレビューを調べることにします。Amazonや楽天などを開いて「美容液おすすめ」「肌の乾燥」などのキーワードで検索し、検索結果に出てきた商品のレビューを見ます。すると、「今まで1万円を超えるような美容液を使っていたけど、この美容液に変えてから肌の調子もいいし、コスパもよくなった」というコメントを見つけました。ここから「これまでは高い美容液を（無理して）使っていた」「コスパのよいところに魅力を感じている」といった、顧客の購入動機や商品に関するリアルな評価を手に入れることができました。

次に、Yahoo!知恵袋を調べてリアルな悩みを集めます。例えば「30歳を超えてから今までの化粧水では物足りなくなってきたので別のアイテムを探しているのですが、おすすめはありますか？」という相談がありました。そこで、「30歳を超えてから肌質が変わった」「今までのスキンケアでは対応できなくなってきた」という情報を、ペルソナ作りの材料としてメモしました。

これらの情報から、「肌質が変わったことで、今までのスキンケアでは対処しきれなくなった30代の女性」で、「コスパのよい商品を求めている人」という人物像が作れます。この段階では、大まかな人物像が作れていればOKです。

なお、現在の顧客の中からペルソナを選ぶ場合は、継続的に購入してくれている方を過去からの購入金額の順に整理して、その上位5人をピックアップします。

◎レビューや口コミの例

肌悩み子 ★★★★☆

今まで１万円を超えるような美容液を使っていたけど、
この美容液に変えてから肌の調子もいいし、コスパもよくなった。

アラフォーちゃん ★★★★★

30代後半から今までのスキンケアでは満足できなくなりスキンケア難民に…。
でもこの美容液は私の肌に合っているのか、初日からうっとりとするような肌を
取り戻すことができています。コスパもいいし、もっと早く出会いたかったな。

todo2. インタビューを行う

次に、設定したペルソナに対してインタビューを行います。あなたが考えたペルソナは、まだ仮説にすぎません。そのため、インタビューによってペルソナのリアルな声を集め、情報の信憑性を高める必要があります。また、直接話を聞くことで、本人にしかわからない具体的なシーンや表現を手に入れることができます。それらが、売れないランディングページを売れるランディングページに変化させるためのスパイスとなります。

実際の顧客をペルソナに設定した場合は、その人にインタビューの協力を依頼します。想像でペルソナを設定した場合は、そのペルソナと同じ悩みを持っている人を探してインタビューをします。また、身近にインタビューを依頼できる人がいない場合は、自分がそのペルソナだとしたらどのように考え、どのように行動するのかを想像します。

インタビューのポイントは、5W1Hを意識した返答をもらうことです。インタビュー相手は話の専門家ではないので、抽象的な返答になりがちです。そのため、相手の返答に対して「いつ・どこで・誰が・何を・なぜ・どのように(どれくらい)」を交えた問いかけをすることで、より具体的な情報を引き出すことができます。特に重要なのが、相手の返答に対して「なぜ」を重ねていくことです。それにより、相手の心の中にある、言語化できていなかった事実を知ることができます。

インタビューは、仮説を検証する場であると同時に、仮説以上の情報を手に入れるための場所です。そのため、自分の仮説に誘導するのではなく、相手の感情や表現を一緒に具体的なものにしていく作業として考えるようにしてください。

◎インタビューのポイント

質問	返答
どんな悩みがあったのですか？	肌の衰えです。
肌の衰えが悩みにつながった出来事などはありますか？	同年代の友達と会っている時、自分が1番老けているなと感じて…
いつからそう感じましたか？	30代後半くらいからです。乾燥したハリがなくなった感じが…
なぜこの商品を選んだのですか？	使用者の方が40代なのにすごくキレイな肌だったので。

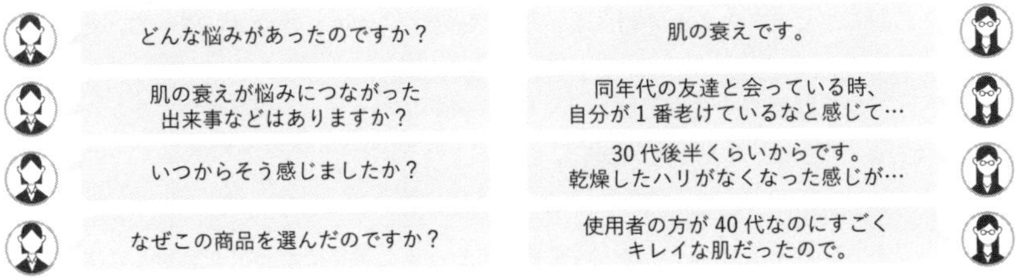

case2. インタビューを行う

それでは、「テマヒマセラム」を題材にしたインタビューの例をご紹介します。既存の顧客の場合も、ペルソナに近い人の場合も、自分自身がペルソナになりきる場合も、質問する内容は同じです。

項目	質問	回答(例)
課題	どのようなことに悩んでいますか？	肌のハリがなくなって急に老けた印象になったことです。自分じゃないみたいで、鏡を見るたびに凹んでます。
	何がきっかけでその問題に気づきましたか？	毎日のスキンケアでは物足りなく感じるようになったからです。乾燥しやすく、たるみも出てきていたので…。
	いつその問題に気づきましたか？	35歳を過ぎたあたりからです。
	なぜその問題を解決したいのですか？	老けた印象にはなりたくないし、子供に対しても若く美人のお母さんでいたいと思っているので。
	その問題が解決したらどのような気分ですか？	自信を取り戻せるし、鏡を見るたびに幸せな気持ちになれると思います。
価値観	美容液にどのようなイメージを持っていますか？	いろいろあって違いがわからないけど、高いものは効果があるのかなと思っていました。
	スキンケアアイテムを選ぶ時に優先することは？	自分の肌に合うことですね。
	どのような時に幸福を感じますか？	娘から褒められた時ですね。最近は一緒にお洒落を楽しめるようになってきたので、若く綺麗なお母さんでいたいと思っています。
	どのような時にストレスを感じますか？	仕事や家事で忙しくて、身体のケアを怠ってしまっている時です。最近は、肌の調子も悪くストレスを感じやすいかもしれません。
状態	問題解決のためにどのような対策が必要だと思っていますか？	エステとか高級な美容液とか、今やっていることとは違う方法が必要なのかもしれないと思っています。
	なぜその方法ではダメなのでしょうか？	エステはお金がかかるし、高級な美容液もどれがいいかわからないし、失敗した時に損しちゃうのが嫌だなって思って手を出せていません。
	問題を解決するために、どのような行動を取っていますか？	口コミを見てスキンケアアイテムをいろいろと試しています。でも、まだ満足できるアイテムとは出会えていません。

todo3. 顧客リサーチシートに情報を整理する

顧客リサーチの最後に、インタビューで集めた情報をリサーチシートに整理します。リサーチシートでは、インタビューで得られた情報を「課題」「価値観」「状態」の3つに分類します。「課題」では、理想的な状態と現在の状態を整理することによって、顧客の抱えている課題を明らかにします。「価値観」では、商品に対する顧客の判断基準と、ふだんの生活で大事にしていることを明らかにします。「状態」では、自分の課題に対して、顧客がどのような認識の段階にあるかを明らかにします。

課題	理想的な状態	
	その時の感情	
	現在の状態	
	現在の感情	
	課題	
価値観	その商品カテゴリに対するイメージ	
	その商品を選ぶ時の最優先事項	
	好きなこと	
	嫌いなこと	
	価格に対する考え方	
状態	どの段階か	
	課題解決のためにとっている行動	

case3. 顧客リサーチシートに情報を整理する

「テマヒマセラム」について、インタビューで集めた情報をシートに整理すると、次のようになります。見込み客の課題は、年齢肌に応じたスキンケアができていないことです。これができれば、毎朝幸せな気持ちで鏡を見られて、娘からも褒められると思っています。スキンケア商品に対しては、高い商品ほど効果が高いと思っているが、自分の肌に合わなかった時の不安を抱えています。購入に対しての状態は、何をすればよいかわかっているけれど、ベストな方法が見つかっていない状態です。シートに整理することで、見込み客の内面を理解するための情報を整理できました。

課題	理想的な状態	肌の悩みがなく、毎朝幸せな気持ちで鏡が見れて、娘からも綺麗だと褒められている
	その時の感情	自信が持てる
	現在の状態	肌のハリがなくなって急に老けた印象になっている
	現在の感情	凹んでいる
	課題	年齢肌に応じたスキンケア
価値観	その商品カテゴリに対するイメージ	高い商品ほど効果がある
	その商品を選ぶ時の最優先事項	自分の肌に合うかどうか
	好きなこと	家族から認められること
	嫌いなこと	忙しさで、身体のケアが疎かになること
	価格に対する考え方	価格に対する考え方˙よいものであれば多少高くてもよいが、いきなり買うほどの勇気はない
状態	どの段階か	問題の解決策を知っている
	課題解決のためにとっている行動	口コミを見てよさそうな商品を試している。エステや高級美容液などは金銭的事情から試せていない

商品を知るための情報を集める

実践的リサーチの2つ目のアクションは、商品リサーチです。商品の基本情報を調べ、それを顧客にとってのベネフィットに変換します。そして、集めた情報をシートに整理します。

商品リサーチの3つのタスク

売れるLP改善の商品リサーチには、①商品の基本情報を調べる、②ベネフィットに変換する、③シートに整理する、の3つのタスクがあります。最初に、①商品の基本情報を集めます。基本情報とは、商品の機能や仕様などの特徴や、実績や評価、価格や販売方法など、見込み客が購入を検討するために必要になる情報のことです。これらは、ランディングページによって見込み客を納得させるためのコンテンツのもとになります。

次に、①で得られた商品の基本情報を②ベネフィットに変換します。ベネフィットは、商品の特徴ごとに整理します。最後に、③集めた材料をシートに整理して、実践的リサーチの2つ目、商品リサーチが完了します。

◎商品リサーチの3つのタスク

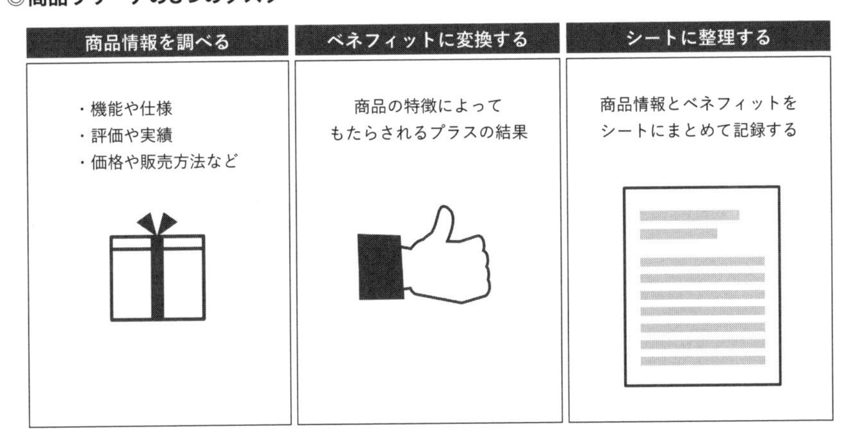

todo1. 商品の基本情報を調べる

最初に、商品の基本情報を集めます。商品の基本情報は、大きく3つに分けることができます。機能や仕様など「商品の価値に関わる情報」、実績や評価など「商品の信用に関わる情報」、価格や販売方法など「購入の判断に関わる情報」です。それぞれの情報が、売れるランディングページにおけるベネフィット・コンテンツ・オファーに該当する情報になります。

商品の価値に関わる情報には、「機能・作用・成分・形状・色・重量・数量・製法・産地・開発者・生産者・使用方法」などがあります。製品開発時の資料などに書かれている内容から、情報を集めます。

商品の信用に関わる情報には、「実績・評価・推薦・販売企業」などがあります。具体的には「販売数・顧客数・お客様からの声・成功事例・メディアへの掲載実績・業界団体や専門機関からのお墨付き・サイトやSNSでの口コミ」などがあります。社内の報告資料や広報資料、web検索やSNS検索によって情報を集めます。「お客様からの声」を集めていなければ、アンケートを依頼したり、インタビューを行ったりして集めます。

購入の判断に関わる情報には、「価格・販売方法」などがあります。具体的には、「割引・特典・保証・規約・決済方法・購入手続き・アフターフォロー」などがあります。顧客に対して、どのような提案やサポートを行っているのかを調べて情報を集めます。

◎商品の基本情報

商品の価値に関わる情報	商品の信用に関わる情報	購入の判断に関わる情報
・機能、作用 ・仕様（形状 / 色 / 重量） ・製法、産地 ・開発者、生産者 ・使用方法 など	・実績（販売数 / 顧客数 / 売上） ・評価（お客様からの声 / メディア 取材 / サイトや SNS の口コミ） ・推薦（権威者のお墨付き） ・販売企業 など	・価格、割引 ・販売方法、規約 ・特典 ・保証 ・決済方法 ・アフターフォロー など
↓	↓	↓
ベネフィット	コンテンツ	オファー

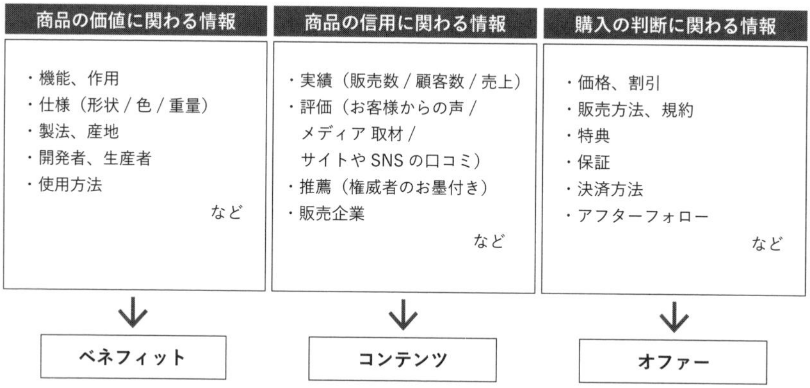

case1. 商品の基本情報を調べる

それでは、「テマヒマセラム」の基本情報を集めてみます。この商品は、肌を保湿してハリやツヤを与えるために使う商品です。「商品の価値に関わる情報」として、「コラーゲン・ヒアルロン酸などの潤い成分の配合」「セラミド、アミノ酸などの潤いを保つ成分の配合」「成分をナノ化する先進的な製法の採用」「添加物を使わない処方」「1本で1ヶ月分の容量」「プッシュタイプのノズルを採用」「1プッシュで1回分を出せる使用方法」などの情報が集められました。

次に、「商品の信用に関わる情報」を調べます。新発売の商品なので、「販売数・メディアへの掲載実績」などはありません。「お客様の声」もないのですが、発売前のモニター調査で集めた利用者コメントとアンケート結果がありました。また、同一ブランドの別の商品「テマヒマ洗顔」の実績として「販売実績100万個、有名雑誌での掲載実績、SNSでのレビュー」などが見つかりました。そのため、これらの情報も同じブランドの実績として情報に加えました。

最後に、「購入の判断に関わる情報」を調べます。通常価格は5,480円（税込）で、送料が500円（税込）かかります。しかし、3本セットで買うと10,960円（税込）で、送料が無料になります。2本分の値段で3本購入でき、さらに送料も無料になるという提案になっています。購入者専用の相談窓口があるので、使い方や不安に対して、いつでも相談できるサポートがついています。

◎集めた商品の基本情報の例

商品の価値に直結する情報	商品の信用に関わる情報	購入の判断に関わる情報
・コラーゲンやヒアルロン酸などの潤い成分の配合 ・セラミド、アミノ酸などの潤いを保つ成分の配合 ・成分をナノ化する先進的な製法の採用 ・添加物を使わない処方 ・1本で1ヶ月分の容量 ・プッシュタイプのノズルを採用 ・1プッシュで1回分を出せる使用方法	・発売前のモニター調査で集めた利用者コメントとアンケート結果 ・同ブランドの別商品「テマヒマ洗顔」の実績（販売実績100万個 / 名だたる有名雑誌での掲載実績 /SNSでのレビュー）	・通常価格 5,480円（税込） ・送料 500円（税込） ・3本セットで買うと10,960円（税込）、送料無料 ・購入者専用の相談窓口がある

todo2. ベネフィットに変換する

次に、集めた商品の基本情報をベネフィットに変換します。ここでは、商品が持つ特徴によって生まれる機能的ベネフィットと、その結果手に入れられる感情的ベネフィット、2つのベネフィットを書き出していきます。ここで、商品の特徴をベネフィットに変換する公式をご紹介します。それが「商品の（特徴）によって、（顧客）は●●できる、●●になれる」です。この中の「●●できる、●●になれる」の部分が、ベネフィットになります。整理した商品の特徴すべてに対して、この公式を当てはめていきます。

例えば「ヒアルロン酸配合」という特徴があるなら、「ヒアルロン酸によって、顧客の肌は潤う」となり、「肌が潤う」がベネフィットになります。「プッシュ式のボトル」という特徴があるなら、「プッシュタイプのボトルのため、顧客はいちいち蓋を外す手間がなく使える」となり、「手間がなくなる」がベネフィットになります。また、「プッシュタイプのボトルのため、中身が空気に触れず衛生的に使える」のように、1つの特徴が複数のベネフィットを提供している場合もあります。

商品の基本情報をベネフィットに変換する時のポイントは、主語が顧客になっているかどうかを確認することです。ベネフィットは顧客が受け取るものなので、「顧客は（　　）できる、（　　）になれる」という形にできているかどうかをチェックしてみてください。

◎ベネフィットに変換する公式

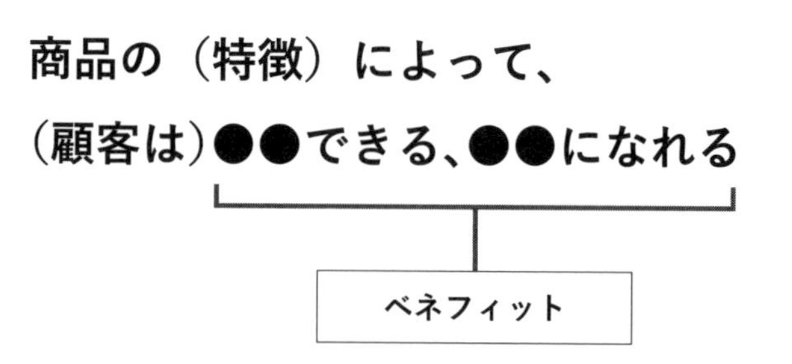

case2. ベネフィットに変換する

それでは、「テマヒマセラム」を題材に、商品に関する情報をベネフィットに変換してみましょう。特徴とその結果を、機能面と感情面から書き出していきます。他の特徴との間でベネフィットが重複しても問題ありません。

特徴	機能的ベネフィット	感情的ベネフィット
コラーゲン・ヒアルロン酸などの潤い成分の配合	肌が潤う／肌にハリとツヤが出る／明るい印象になる	鏡の前で悩まなくなる／人前に出るのをためらわなくなる／年齢を気にせず毎日過ごせる
セラミド、アミノ酸などの潤いを保つ成分の配合	朝起きてもプルプルな肌が手に入る／化粧のりがよくなる	朝起きた時の憂鬱感がなくなる／1日を気持ちよく始められる
成分をナノ化する先進的な製法の採用	肌に馴染む／ベタつかない	スッと馴染むから気持ちがいい／手早く終えられて嬉しい
添加物を使わない処方	刺激を感じにくい／肌トラブルに対処できる	不安を感じなくてよい／上質な気分を味わえる
1本で1ヶ月分の容量	買い置きしやすい／支出を管理しやすい	急になくなる不安がない
プッシュタイプのノズルを採用	蓋を開ける手間がない	衛生面で安心
1プッシュで1回分を出せる使用方法	一定の分量で使える／簡単に使える	使う量を考えなくてよいので楽／手間がかからないので嬉しい

todo3. 商品リサーチシートに情報を整理する

調査して集めた情報をベネフィットに変換できたら、それらをリサーチシートに整理します。商品の価値、商品の信用、購入の判断の3つの項目で、それぞれ集めた情報を整理していきます。

<table>
<tr><td rowspan="3">商品の価値に直結する情報</td><td rowspan="2">ベネフィット</td><td>機能的</td><td></td></tr>
<tr><td>感情的</td><td></td></tr>
<tr><td>特徴</td><td>機能・作用など</td><td></td></tr>
<tr><td rowspan="2">商品の信用に関わる情報</td><td colspan="2">実績</td><td></td></tr>
<tr><td colspan="2">評価</td><td></td></tr>
<tr><td rowspan="3">購入の判断に関わる情報</td><td colspan="2">価格</td><td></td></tr>
<tr><td colspan="2">安心材料</td><td></td></tr>
<tr><td colspan="2">手続き</td><td></td></tr>
</table>

case3. 商品リサーチシートに情報を整理する

「テマヒマセラム」について整理すると、次のようになります。

商品の価値に直結する情報	ベネフィット	機能的	肌が潤う／肌にハリとツヤが出る／明るい印象になる／化粧のりがよくなる／肌に馴染む／ベタつかない／蓋を開ける手間がない／簡単に使える
		感情的	年齢を気にせず毎日過ごせる／朝起きた時の憂鬱感がなくなる／1日を気持ちよく始められる／スッと馴染むから気持ちがいい／手早く終えられる／衛生面で安心／簡単に使えて楽
	特徴	機能・作用など	機能・作用：潤いを与える、ハリ・ツヤを与える／成分：コラーゲン、ヒアルロン酸、セラミド、アミノ酸、その他保湿成分20種類、添加物を使わない処方／形状：サラッとしたテクスチャ、プッシュタイプのノズル／色：テクスチャは無色透明、容器は白を基調／容量・数量／120mL（1ヶ月分）、1本／製法：成分をナノ化する先進的な製法の採用、国内工場で製造／使用方法：化粧水のあとに、1プッシュ出して、肌全体に馴染ませる／販売企業：ヒット商品の「テマヒマ洗顔」を販売している化粧品メーカーのテマヒマが販売
商品の信用に関わる情報	実績		販売実績：なし。同シリーズは100万個のヒット商品 メディア掲載実績：なし。同シリーズは有名雑誌での掲載実績あり
	評価		顧客の声：なし。モニターコメントとアンケート結果あり／口コミ：なし。同シリーズの口コミはSNSに多数あり
購入の判断に関わる情報	価格		通常価格：5,480円（税込）、送料500円（税込）／割引価格：3本セットで買うと10,960円（税込）、送料無料
	安心材料		サポート：購入者専用の相談窓口あり
	手続き		購入方法：自社ECサイトにて／決済方法：クレジットカード、代金引換、振り込み／お届け方法：宅配便にてお届け（注文から2〜3日で到着）

競合を知るための情報を集める

実践的リサーチの3つ目のアクションは、競合リサーチです。どのようなターゲットに対して、どのようなベネフィットで興味を引き、どのようなコンテンツで納得を引き出し、どのようなオファーを提案しているのかを整理します。

競合リサーチの3つのタスク

売れるLP改善の競合リサーチには、①適切な競合相手を探す、②競合のランディングページをチェックする、③シートに整理する、の3つのタスクがあります。

まず、①適切な競合相手を探すことから始めます。蟻が象を競合相手だと思っていたり、象が鳥を競合相手だと思っていたりすることが、ビジネスの世界ではよくあります。売れるランディングページにするためには、正しく競合を設定することが大切になります。

次に、②競合商品のランディングページをチェックします。競合が誰に対して、何を訴求していて、どのような提案をしているのかは、相手のランディングページを見れば一目瞭然です。あなたの商品が競合を出し抜くための材料を、競合のランディングページから集めます。

最後に、集めた材料をシートに整理して、実践的リサーチの3つ目、競合のリサーチが完了します。

◎競合リサーチの3つのタスク

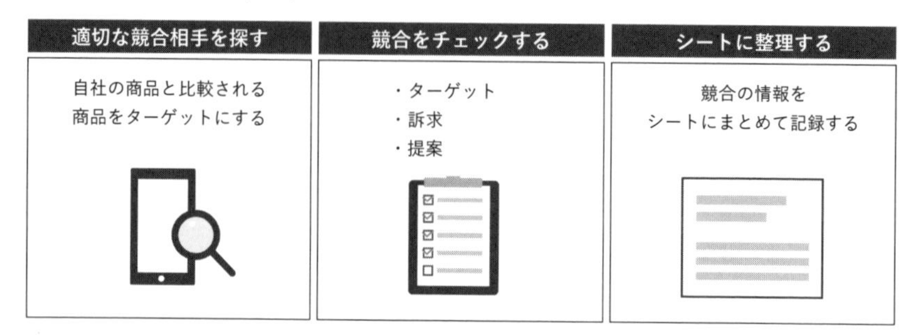

todo1. 適切な競合相手を探す

最初に、適切な競合相手を探します。競合商品とは、必ずしもあなたの業界でシェアを占める大企業の商品のことではありません。競合商品とは、見込み客があなたの商品と比較検討する類似商品のことです。規模が大きく知名度があるからと言って、あなたの商品がその商品と比較された時に、あなたの商品を選ぶ見込み客がいないのであれば、その商品は競合商品とは言えません。

適切な競合相手を探すには、最初にあなたの商品のジャンル名でweb検索をします。この時、ターゲットとなる顧客があなたの商品と似たような商品を探す時に検索しそうなキーワードを選ぶことがポイントです。その上で、「(商品ジャンル名) おすすめ」「(商品ジャンル名) 口コミ」のように、キーワードを組み合わせて検索を行います。その結果、検索結果のページに出てくる商品が、あなたの競合相手です。より絞り込んで検索する場合は、価格コムなどの比較サイトや、Amazon、楽天などのECモールで検索を行うのもよいでしょう。

同様に、インスタグラムなどのSNSでも検索してください。関連する投稿が検索結果に出てくるので、そこで紹介されている商品があれば、それがあなたの競合相手です。また、見込み客がフォローしているインフルエンサーが紹介している商品なども、競合商品になります。売り手の目線ではなく、見込み客が商品を探す時に触れる情報をもとに、状況を把握することが大切です。

◎競合相手の探し方

web/SNS で検索

・(商品ジャンル名)
・(商品ジャンル名) おすすめ
・(商品ジャンル名) 口コミ

▶

見込み客から見た比較商品

●web

・検索結果の上位表示サイト
・検索結果に表示される広告商品

●SNS

・投稿の多い商品
・インフルエンサーが紹介している商品

case1. 適切な競合相手を探す

それでは、「テマヒマセラム」を題材に競合相手を探してみましょう。「美容液 おすすめ」「美容液 口コミ」でweb検索をすると、「ぷるぷるセラム」という商品の広告が見つかりました。また、Amazonや楽天などのECモールや、化粧品の口コミサイトなども検索結果として表示されています。これらの中から、競合相手を探します。ここでは、評価の高い商品を5つ選び、その中から「テマヒマセラム」と成分や価格帯が近い商品「ぷるぷるセラム」と「潤美容」を選びました。この2つが、「テマヒマセラム」の競合商品になります。

次に、インスタグラムで「美容液 おすすめ」と検索します。すると、「美容部員がおすすめするコスパ最強美容液」という投稿に目が行きました。そこでは、「ピュアエッセンスホワイト」という商品が一押しされています。再度インスタグラムで「ピュアエッセンスホワイト」を検索してみると、多くのレビュー投稿が見つかりました。インスタグラムの投稿を参考に商品を選ぶ人も多いので、「ピュアエッセンスホワイト」も競合に加え、「テマヒマセラム」の適切な競合相手は「ぷるぷるセラム」「潤美容」「ピュアエッセンスホワイト」になりました。

◎適切な競合相手を探す例

web/SNS で検索

・「美容液 おすすめ」
・「美容液 口コミ」

▶

見込み客から見た比較商品

●web

・「ぷるぷるセラム」の広告
・「おすすめ美容液の決定版」（比較サイト）の広告
・Amazon や楽天などの EC モール
・化粧品の口コミサイト

●SNS

・「美容部員がおすすめするコスパ最強美容液」

競合商品	・ぷるぷるセラム ・潤美容 ・ピュアエッセンスホワイト

todo2. 競合のランディングページをチェックする

次に、競合商品のランディングページをチェックします。ランディングページを見る際は、ファーストビューエリア・コンテンツエリア・オファーエリアの3つに分けて分析します。

ファーストビューエリアでは、どのようなキャッチコピーで、誰に対して、何を訴求しているのか、どのようなビジュアルやキャッチコピーを使って印象づけをしているのか、キャッチコピー以外にどのような情報が載っているのかなどを調べます。ビジュアルに関しては、商品画像メインなのか、人物メインなのか、明るいデザインなのか、優しいデザインなのか、スタイリッシュなデザインなのかなどについても確認します。

コンテンツエリアでは、どのような証拠によって見込み客の信用を得ようとしているのかを調べます。どのような特徴を推しているのか、どのような実績や評価をアピールしているのか、顧客の声ではどのような人を採用しているのか、情報をわかりやすく伝えるためにどのような見せ方の工夫をしているのかなどを調べます。

オファーエリアでは、どの商品をいくらで販売していて、割引はあるのか、特典はつけているのか、保証はあるのか、どのような方法で購入のハードルを下げているのかなどを調べます。

◎競合ランディングページのチェックポイント

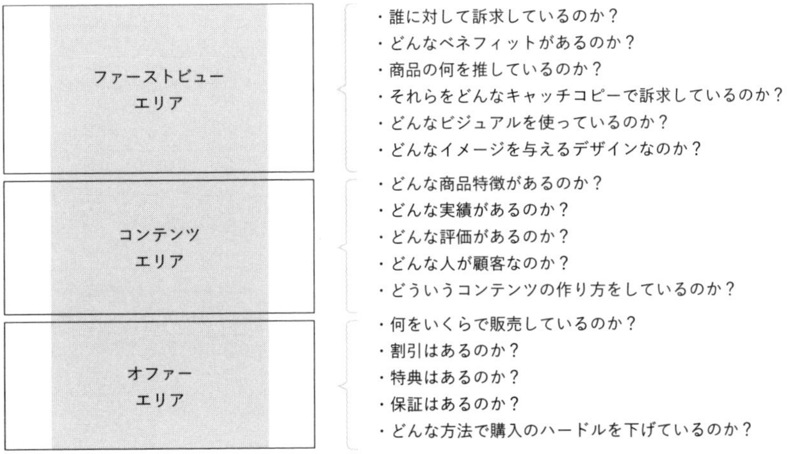

ファーストビュー
エリア

・誰に対して訴求しているのか？
・どんなベネフィットがあるのか？
・商品の何を推しているのか？
・それらをどんなキャッチコピーで訴求しているのか？
・どんなビジュアルを使っているのか？
・どんなイメージを与えるデザインなのか？

コンテンツ
エリア

・どんな商品特徴があるのか？
・どんな実績があるのか？
・どんな評価があるのか？
・どんな人が顧客なのか？
・どういうコンテンツの作り方をしているのか？

オファー
エリア

・何をいくらで販売しているのか？
・割引はあるのか？
・特典はあるのか？
・保証はあるのか？
・どんな方法で購入のハードルを下げているのか？

case2. 競合のランディングページをチェックする

それでは、「テマヒマセラム」を題材に競合のランディングページをチェックしていきましょう。まずは、P.58で見つけた競合商品の「商品名」でweb検索します。すると、多くの場合、その商品の広告が1番上に出ているので、その広告をクリックしてランディングページを見に行きます。

「ぷるぷるセラム」は、メインビジュアルで40代だと思われる笑顔の女性を使い、「朝、起きた瞬間から笑顔になれる肌」というキャッチコピーを使っていました。商品の特徴として潤い成分2倍配合が訴求されています。初回のお試し価格が1,980円（税込）の約58％OFFで買えるキャンペーンを実施中です。

「潤美容」は、メインビジュアルで50代と思われる笑顔の女性を使い、「本当に私？！と感じる、肌のハリとツヤ」というキャッチコピーを使っていました。年齢肌に関するコンテンツも豊富で、定期購入で4,980円（税込）になるお得な提案をしています。さらに、初回購入分の返金保証を提案しています。

「ピュアエッセンスホワイト」は、メインビジュアルで商品のボトルを使い、「美肌を続けるための20代からの本格スキンケア」というコピーを使っていました。有名インフルエンサーの愛用コメントなどのコンテンツが豊富です。定期購入の場合は初回980円（税込）、2回目以降は3,480円（税込）で購入できる提案をしています。

商品名	ぷるぷるセラム	潤美容	ピュアエッセンスホワイト
ファーストビューエリア	・40代の笑顔の女性ビジュアル ・「朝、起きた瞬間から笑顔になれる肌」というキャッチコピー	・50代の笑顔の女性ビジュアル ・「本当に私？！と感じる、肌のハリとツヤ」というキャッチコピー	・メインビジュアルは商品のボトル ・「美肌を続けるための20代からの本格スキンケア」というキャッチコピー
コンテンツエリア	・潤い成分を従来品の2倍配合	・40代50代の顧客の声が多い ・年齢肌に関するコンテンツも豊富	・インスタグラムでの投稿 ・有名インフルエンサーの愛用コメント
オファーエリア	・通常価格4,800円（税込） ・初回のお試し価格が1,980円（税込）の約58％OFFで買えるキャンペーンを実施	・通常価格は6,800円（税込） ・定期購入で4,980円（税込） ・通常価格は4,800円（税込） ・初回購入分の返金保証あり	・定期購入の場合は初回980円（税込）、2回目以降は3,480円（税込）

todo3. 競合リサーチシートに情報を整理する

調査して集めた情報を整理して、リサーチシートを完成させます。想定のターゲット、商品のベネフィット、商品特徴、実績・評価、オファーの要素に加えて、どのような申し込みフォームを使用しているのか、どのようなファーストビューエリアのデザインなのかがわかるように整理します。

商品名	
ターゲットプロフィール	
ベネフィット（感情的）	
ベネフィット（機能的）	
商品特徴	
実績	
通常価格	
オファー	
フォーム	
ファーストビューの画像	

case3. 競合リサーチシートに情報を整理する

「テマヒマセラム」の競合相手「ぷるぷるセラム」についての情報をシートに整理すると、次のようになります。

商品名	ぷるぷるセラム
ターゲットプロフィール	スキンケアの効果が薄れてきたと感じている40代女性
ベネフィット（感情的）	朝から幸せな気持ちになれる
ベネフィット（機能的）	潤い、ハリ・ツヤが出る
商品特徴	・業界最多量の潤い成分を配合 ・潤い成分が従来品の2倍 ・サラリとしたテクスチャ ・清潔感のあるシンプルなボトルデザイン ・スポイトで垂らすタイプの使用方法 ・容量120mL（1ヶ月分）
実績	・顧客のアンケート結果（満足度96%）
通常価格	・4,800円（税込） ・送料500円（税込） ・後払い決済手数料200円（税込） ・クレカ決済手数料無料
オファー	・初回お試し価格1,980円（税込）＜約58%OFF＞
フォーム	・一体型フォーム ※ランディングページ上に入力フォームがあり、決済情報を含むすべての情報をランディングページから移動せずに完了させられるタイプのフォーム
ファーストビューの画像	スキンケアの効果が薄れてきた… と感じている40代のあなたへ 朝、起きた 瞬間から 笑顔に なれる肌

4章

LP改善チャレンジSTEP②
テコ入れ対象の整理

STEP②テコ入れ対象の整理

売れるLP改善のステップ2つ目は、テコ入れ対象の整理です。実践的リサーチで集めた顧客・商品・競合の情報をもとに、ランディングページのどこを、どのようにテコ入れするべきかを決めます。

課題とは目標達成のための必須条件

テコ入れ対象の整理では、最初に現在のランディングページの課題がどこにあるのかをリストアップします。課題とは、理想的な状態になるために解決するべき問題のことです。その問題が解決された時、目標が達成されたり、目標へと近づくことができます。目標を達成するための、必須条件とも言い換えられます。

テコ入れのための課題は、実践的リサーチで集めた情報と、現在のランディングページに掲載されている情報との間のズレを探すことで見つけられます。この時、実践的リサーチで集めた情報が「理想のランディングページに必要な情報」になります。この情報と現在のランディングページにある情報とを比較することで、その間にある課題が見つかります。顧客の課題について触れられているか、顧客の解決したい方法で解決できることを訴求しているか、競合と比較されても負けない提案ができているかなど、売れるランディングページにするための条件が揃っているかどうかを確認します。

◎理想と現在と課題

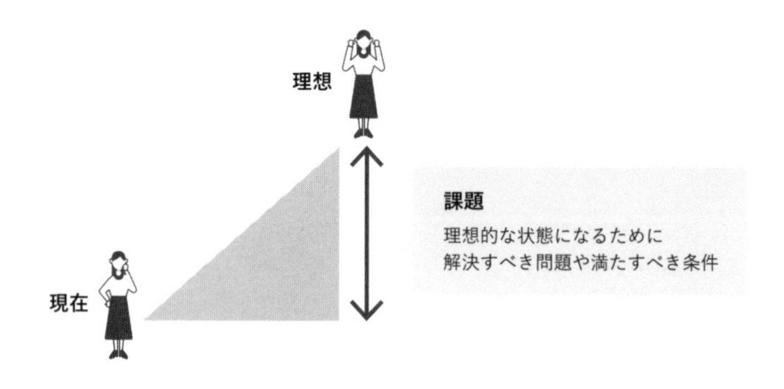

最優先課題を見つける方法

テコ入れ対象を整理すると、現在のランディングページに対して多くの課題が見つかります。例えば、見込み客の求める解決策を示せていない、それを信じてもらうための証拠が用意されていないなどです。しかし、すべての課題を同時に解決しようとすると、時間も労力もかかってしまい、改善が進みません。そのため、テコ入れの対象に優先順位をつけ、限られたリソースを適切に使って、成果の最大化を図ります。

テコ入れ対象の優先順位は、①インパクト、②スピード、③リソースの3つの評価軸の掛け合わせによって決まります。最初に、課題の中から①インパクトの大きなものを選びます。そして、その中で②スピードが早く、③リソースのかからない課題から優先順位をつけていきます。例えば、有名人に商品を使ってもらうことは大きなインパクトがありますが、有名人に依頼するために多くのお金（リソース）がかかり、承諾を得るための交渉などに多くの時間や労力がかかります（スピード）。すると、改善のインパクトがあったとしても、これは優先順位の低い解決策ということになります。

また、ランディングページの構成は「ベネフィット」「コンテンツ」「オファー」の3つからなりますが、テコ入れのインパクトがもっとも大きいのは、割引や特典、保証、購入方法などの「オファー」になります。一方、商品の特徴や売手の情報などの「コンテンツ」は、テコ入れのインパクトが小さくなります。例えば購入した商品が期待通りでない場合に代金をすべて返金するという「オファー」があれば、特別な機能や証拠となる情報といった「コンテンツ」が不十分でも、とりあえず買ってみようと思う人は増えるはずです。

◎優先順位をつけるための3つの評価軸

インパクト	スピード	リソース
改善した時の変化が小さいとやる意味がない	結果が早く手に入らないと改善が遅れてしまう	実行できなければ改善できない

action1

課題をリストアップする

テコ入れ対象の整理1つ目のアクションは、課題のリストアップです。理想的な状態と現状との間にある解決すべき問題が課題です。まずは、現在のランディングページに足りていない情報をすべて洗い出します。

課題リストアップの3つのタスク

課題のリストアップには、3つのタスクがあります。①理想のランディングページに必要な情報を書き出す、②現在のランディングページにある情報を書き出す、③理想と現状との差を課題シートに書き出す、の3つです。

まずは、①理想のランディングページに必要な情報を、ベネフィット・コンテンツ・オファーの要素に分けて書き出します。次に、②現在のランディングページを見て、ベネフィット・コンテンツ・オファーの要素として、どのような情報が書かれているかを書き出します。そして、③理想のランディングページに必要な要素と現在のランディングページにある要素を比較して、現在のランディングページに足りていないものを書き出します。それらが現在のランディングページの課題となり、LP改善のためのテコ入れ対象となります。ここでリストアップした課題を解決することで、見込み客の求める情報をしっかりと伝えられるランディングページへと近づいていきます。

◎課題リストアップの3つのタスク

理想のランディングページに必要な情報を書き出す	現在のランディングページにある情報を書き出す	理想と現状との差を書き出す
見込客の求めている情報を整理する	現在書かれている情報を整理する	現状のランディングページにない情報を整理する

todo1. 理想のランディングページに必要な情報を書き出す

それでは、最初に「理想のランディングページに必要な情報」を書き出してみましょう。3章の実践的リサーチで集めた情報をもとに、見込み客の求めるベネフィット、信用を得るためのコンテンツ、購入を決断してもらうためのオファーの3つの要素について、必要と思われる情報を書き出していきます。具体的には、ベネフィットは商品の効果・効能など。コンテンツは商品の特徴、イメージ、実績・評価など。オファーは商品の価格、割引・特典・保証、サポート、手続きなどについての情報を整理していきます。

この段階では、実現できるかどうかは気にせず、見込み客に対してそれらの情報を伝えた時に、「これは私のための商品だ」「今すぐ買うことが最良の選択だ」と感じてもらえるような内容を考え、書き出すようにしてください。実現可能な範囲に絞ってしまうと、改善インパクトを与えられない小さな課題ばかりになってしまうからです。デザインを変えたり、顧客の声を集めたり、タレントを起用したりなど、今すぐできないとしても大きな改善につながることが期待できるものについては、理想的なランディングページに必要な情報として書き出しておきます。課題をたくさん設定できるということは、それだけ改善余地があるということです。そのため、理想的なランディングページを作るための情報は、できるだけたくさん、具体的に書き出してください。

◎理想のランディングページに必要な情報

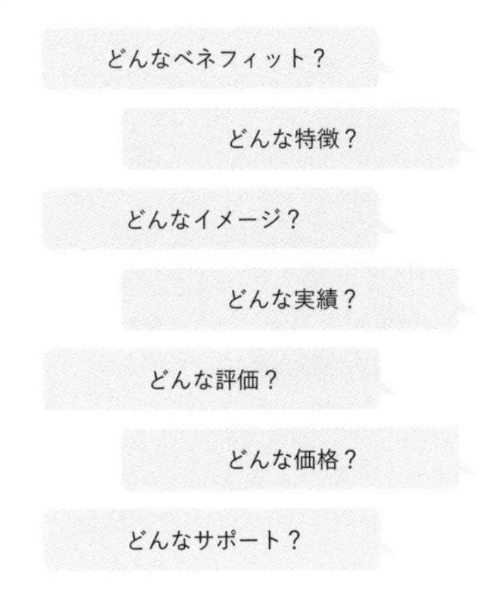

case1. 理想のランディングページに必要な情報を書き出す

それでは、「テマヒマセラム」を題材にして、理想のランディングページに必要な情報を書き出してみましょう。この商品のペルソナは、加齢による肌の衰えに悩んでいて、年齢に応じたスキンケアを求めています。そのため、30台からの肌の衰えを対策できる、肌に健康的なハリやツヤを与えるなどのベネフィットを伝えることが必要です。そして、それらを信じてもらうためのコンテンツとして、効果的な潤い成分をふんだんに配合していたり、安心して使えるよう添加物を不使用にしたりといった、商品特徴に関する情報が必要です。また、顧客の声を用意したり、人気の美容専門家に商品PRを依頼したり、口コミサイトや大手ECモールでのNo.1販売実績を取得していたりという、実績・評価に関する情報が必要です。

またこのペルソナは、高価な商品には手を出せず、コスパを優先する傾向にあります。ですが、この手の商品はあまりに安すぎても不安を感じられてしまうので、オファーとして、初回購入時の割引価格を用意します。他にも、特典としてパックをつけたり、返金保証をつけることも効果的です。また、安心して購入してもらえるように、使い方やお肌の悩みの相談に答えてくれる相談窓口を用意するのもよいでしょう。

◎理想のランディングページに必要な情報の例

「年齢に応じたスキンケアが
できる商品がほしい」

「コスパのよいものがいい」

「求めていることが全部揃ってる！
よし買おう！」

1ランク上のスキンケアができる
肌に健康的なハリやツヤを与える

エイジングケアに効果的な成分、
潤い成分をふんだんに配合している

年齢肌に悩んでいた顧客の声
美容専門家のインフルエンサー推奨

大手ECモールでのNo.1販売実績

はじめて購入される方がお得に買える
割引価格

使い方やお肌の悩みの相談に
答えてくれる相談窓口

todo2. 現在のランディングページにある情報を書き出す

次に、現在のランディングページの情報を整理します。現在のランディングページが、どのようなベネフィットを訴求しているのか、どのようなコンテンツを提供しているのか、どのようなオファーを提案しているのかを調べて書き出します。

ベネフィットは、顧客に対して訴求しているプラスの結果を確認してください。「●●になれる」「●●できる」といった内容がベネフィットです。それが状況や状態の変化であれば機能的ベネフィット、感情の変化であれば感情的ベネフィットに分類します。コンテンツは、商品の機能や仕様、製法などの商品の特徴に関する情報と、商品に関するイメージ、販売数や顧客の声などの実績・評価に関する情報を確認します。商品の特徴に関する情報は、「●●である」「●●がある」という内容になります。実績・評価に関する情報は、「●●だった」「●●された」など、他者が主語になっているものや、過去の出来事などの内容になります。オファーは、通常の価格がいくらなのか、商品以外にかかる費用があるのか、特別な価格設定はあるのか、特典や保証、サポートがあるのか、その適用のために特別な条件があるのか、購入の手続き方法には何があるのかなどを確認します。

情報を整理してみると、商品リサーチで行った商品の情報について、伝えきれていないものや、伝え方が十分ではないものがあることに気づくと思います。そこに課題が隠されています。

◎現在のランディングページにある情報

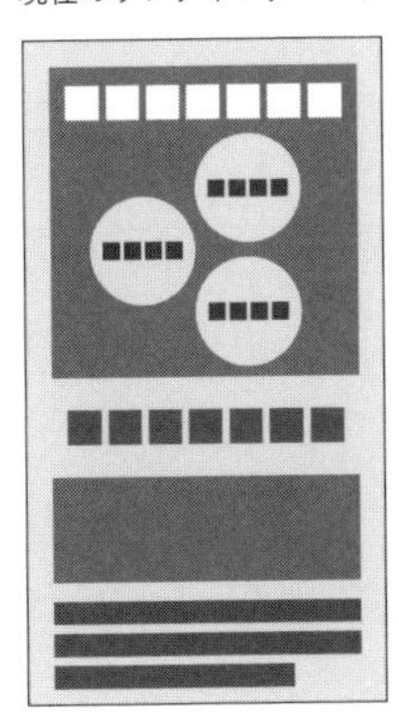

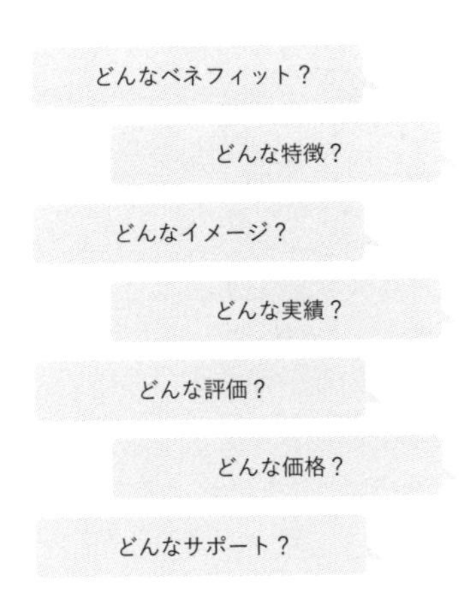

case2. 現在のランディングページにある情報を書き出す

それでは、「テマヒマセラム」を題材にして、現在のランディングページにある情報を書き出してみます。

ベネフィットについては、「肌が潤う」という機能的ベネフィットと「自分の肌を好きになる」という感情的ベネフィットを訴求したコピーが見つかりました。コンテンツについては、商品の特徴としてコラーゲンやヒアルロン酸、セラミド、アミノ酸が入っていること、保湿成分が20種類入っていること、添加物を使わない処方を採用していること、プッシュタイプのノズルを採用していること、1本1ヶ月分で120mLの容量だということなどが訴求されていました。実績・評価については、何も情報がありませんでした。オファーについては、通常価格が5,480円（税込）で送料が500円（税込）であること、3本セットで買うと10,960円（税込）で買えて、送料が無料になるということがわかりました。

3章の商品リサーチで集めた情報にあった「1プッシュ出して肌全体に馴染ませる使用方法」「ヒット商品の『テマヒマ洗顔』と同じブランド」「モニターアンケート結果」「サポート窓口があること」についての情報は、現在のランディングページには掲載されていないことがわかりました。

◎現在のランディングページにある情報の例

現在のランディングページ

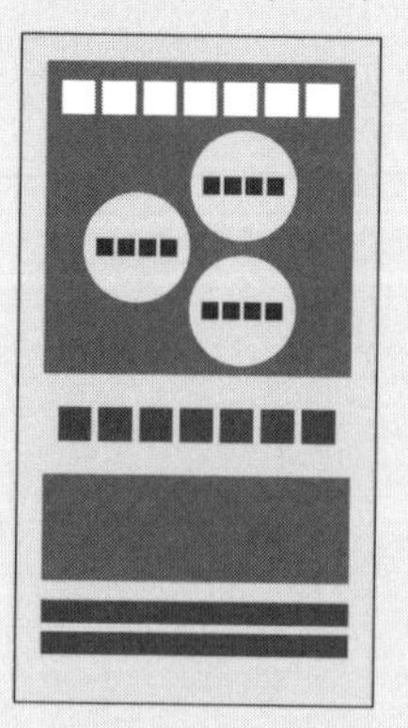

肌が潤う
自分の肌を好きになる

コラーゲン・ヒアルロン酸・セラミド・
アミノ酸、20種の保湿成分配合

成分をナノ化する先進的な製法を採用
サラッとしたテクスチャ

1本1ヶ月分で120mLの容量

実績・評価なし

3本セットで買うと10,960円（税込）
で買えて、送料が無料

サポートなし

todo3. 理想と現状との差を課題整理シートに整理する

最後に、理想的なランディングページと現在のランディングページのベネフィット・コンテンツ・オファーを並べて、理想のランディングページにはあって現在のランディングページにはない要素を書き出します。これが、対応するべき課題になります。

		理想のランディングページに必要な情報	現在のランディングページにある情報	課題
ベネフィット	機能面			
	感情面			
コンテンツ	特徴			
	実績・評価			
オファー	価格			
	サポート			

case3. 理想と現状との差を課題整理シートに整理する

「テマヒマセラム」について整理すると、次のようになりました。

		理想のランディングページに必要な情報	現在のランディングページにある情報	課題
ベネフィット	機能面	・若々しい肌を取り戻せる ・肌が潤い、ハリ・ツヤが出る ・シワ、シミ、くすみが気にならなくなる ・美白、美肌 ・肌に合う ・刺激がない	肌が潤う	・肌のハリをメインに変更 ・肌に馴染みやすいことを追加 ・刺激がないことを追加
	感情面	・自分の肌に自信が持てる ・家族や友人から褒められる喜び ・悩みのない生活を送れる幸せ ・本来の自分に戻れる喜び	自分の肌を好きになる	・自分の肌に自信が持てる、家族や友人から褒められる喜び、悩みのない生活を送れる幸せ、本来の自分に戻れる喜びを感じられることを追加
コンテンツ	特徴	・エイジングケア成分配合 ・品質の高さがある ・敏感肌でも使える ・独自の成分や製法がある ・安心できる製造工程 ・高級感のある容器デザイン ・使いやすい容器形状 ・肌に馴染むテクスチャ ・無香料、無添加	・コラーゲン、ヒアルロン酸、セラミド、アミノ酸、その他保湿成分20種類を配合 ・添加物を使わない処方を採用 ・成分をナノ化する先進的な製法の採用 ・サラッとしたテクスチャ ・プッシュタイプのノズルを採用 ・120mL（1ヶ月分）、1本	・年齢肌に必要な成分についてのコンテンツを追加 ・ナノ化製法をもっと前面に押し出し、他の商品との違いを訴求するコンテンツを追加 ・製造工程についてのコンテンツを追加 ・肌に馴染む様子を伝える動画コンテンツを追加
	実績・評価	・販売実績 ・顧客の声 ・有名ECモールの実績やレビュー ・TVや雑誌などメディア掲載実績 ・専門機関からのお墨つき ・専門家からの推奨コメント ・口コミサイトでの高評価 ・SNSでのレビュー投稿		・同ブランド『テマヒマ洗顔』の実績を追加
オファー	価格	・お試し購入価格がある ・送料がかからない ・返金保証がある	・通常価格：5,480円（税込）、送料500円（税込） ・特別価格：3本セットで買うと10,960円（税込）、送料無料	・初回購入金額を安くしたオファーに変更
	サポート	・肌の悩みを相談できる ・返品や交換ができる		・相談窓口の紹介コンテンツを追加

課題に優先順位をつける

テコ入れ対象の整理の2つ目のアクションは、洗い出した課題に優先順位をつけることです。優先順位は、インパクト×スピード×リソースの3つの要素で決めます。課題の優先順位のつけ方について紹介します。

課題に優先順位をつける3つのタスク

課題に優先順位をつけるためには、①インパクトの大きさ、②スピードの速さ、③リソースの有無の3つの観点で点数をつけます。

①インパクトの大きさは、その課題の解決が見込み客の購入にどの程度影響するかを表します。インパクトが大きければ大きいほど、効果的なテコ入れになります。②スピードの速さは、その課題を解決するためにどれだけの時間がかかるかを表します。スピードが速ければ速いほど、早く改善が進み、結果を早く手に入れられます。③リソースの有無は、その課題を解決するために使えるお金や労働力があるかどうかを表します。リソースがなければ対応できませんし、ないリソースを調達するには時間や労力がかかり、テコ入れになかなか取り組めなくなります。

そのため、インパクトがあり、スピード感を持って対応でき、リソースのある課題が、もっとも優先度の高い課題ということになります。

◎課題の優先順位を決める3つの要素

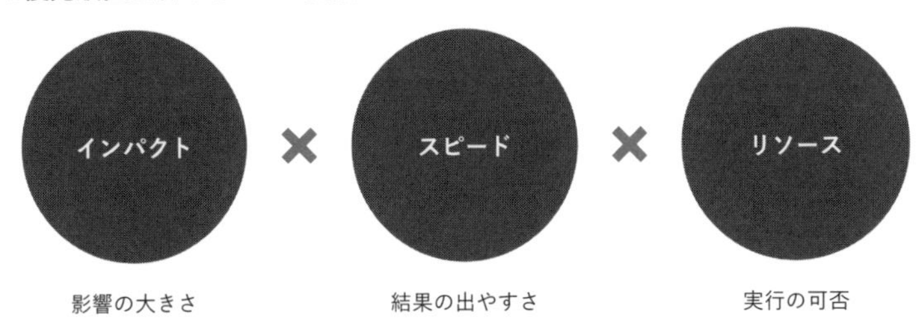

todo1. インパクトの大きさに点数をつける

最初に、インパクトの大きさに点数をつけていきます。インパクト・スピード・リソースの3つの中で、インパクトの大きさがもっとも重要な項目になります。なぜなら、インパクトの大きさが顧客の購入に直結するからです。スピードやリソースは、課題をスムーズに解決するための要因にすぎません。どれだけインパクトのある課題に取り組めるかどうかが、売れるランディングページを作るための鍵となります。

インパクトの大小は、売れるランディングページの3つの要素、ベネフィット・コンテンツ・オファーで判断します。オファー←ベネフィット←コンテンツの順にインパクトの大小が決まるので、オファーに関する課題を3点、ベネフィットに関する課題を2点、コンテンツに関する課題を1点として、洗い出したテコ入れ対象の一覧に書き込みます。

オファーの改善インパクトが大きい理由は、購入の手前まで来ている人が、もっとも購入する可能性の高い人だからです。商品に興味を持ってもらえても、価格が高すぎたり、長期契約が必要だったり、購入手続きが面倒だったりすると、見込み客は買うのを諦めてしまいます。コンテンツよりもベネフィットのインパクトが大きい理由は、そもそもベネフィットに興味を持ってもらえていなければ、その商品のことをより詳しく知ろうとは思ってもらえないからです。

◎インパクトの優先順位

case1. インパクトの大きさに点数をつける

それでは、「テマヒマセラム」を題材に、インパクトの大きさに点数をつけていきます。まずはオファーの課題「初回購入金額を安くしたオファーに変更」「相談窓口の紹介コンテンツを追加」に3点をつけます。次にベネフィットの課題「肌のハリをメインに変更」「肌に馴染みやすいことを追加」「刺激がないことを追加」「自分の肌に自信が持てる、〜」に2点をつけます。そしてコンテンツの課題「年齢肌に必要な成分についてのコンテンツを追加」「ナノ化製法をもっと前面に押し出し、他の商品との違いを訴求するコンテンツを追加」「製造工程についてのコンテンツを追加」「肌に馴染む様子を伝える動画コンテンツを追加」「同ブランド『テマヒマ洗顔』の実績を追加」に1点をつけます。

		課題	インパクト
ベネフィット	機能面	肌のハリをメインに変更	2
		肌に馴染みやすいことを追加	2
		刺激がないことを追加	2
	感情面	自分の肌に自信が持てる、家族や友人から褒められる喜び、悩みのない生活を送れる幸せ、本来の自分に戻れる喜びを感じられることを追加	2
コンテンツ	特徴	年齢肌に必要な成分についてのコンテンツを追加	1
		ナノ化製法をもっと前面に押し出し、他の商品との違いを訴求するコンテンツを追加	1
		製造工程についてのコンテンツを追加	1
		肌に馴染む様子を伝える動画コンテンツを追加	1
	実績・評価	同ブランド『テマヒマ洗顔』の実績を追加	1
オファー	価格	初回購入金額を安くしたオファーに変更	3
	サポート	相談窓口の紹介コンテンツを追加	3

todo2. スピードの速さに点数をつける

次に、スピードの速さの観点で優先順位をつけます。どれだけインパクトのあるテコ入れだったとしても、1年も2年もかかるようなものだとしたら、それに取り組んでいる間は改善はゼロです。また、設定した課題を解決したからといって、必ずしも成果が上がるとは限りません。実行するまでは、どれも仮説にすぎないからです。早く実行できれば、それだけ結果も早く手に入り、LP改善を進めていくことができます。そのため、インパクトが大きく、かつ早くテコ入れに取り組める課題が、優先順位の高い課題になります。

スピードの速さは、その課題に対応する人によって決まります。自分で対応できる課題がもっとも早く、社内のメンバーや業務委託契約をしている外部パートナーに対応してもらえる課題が次に早く、社内や今のパートナーで対応できない課題はスピードが遅くなります。また、システム開発など実施に大きな費用がかかったり、各所への交渉が必要になるような課題も、スピードが遅くなります。

テコ入れ対象の優先順位をつけるために、課題を解決するためにかかるスピードを数値化します。1週間以内にできることを3点、1ヶ月以内にできることを2点、1ヶ月以上かかることを1点として、洗い出したテコ入れ対象の一覧に書き込みます。

◎スピードの優先順位

case2. スピードの速さに点数をつける

それでは、「テマヒマセラム」を題材に、対応スピードに点数をつけていきます。社内のデザイナーに依頼すればできる「肌のハリをメインに変更」「肌に馴染みやすいことを追加」「刺激がないことを追加」「自分の肌に自信が持てる、〜」「ナノ化製法をもっと前面に押し出し、他の商品との違いを訴求するコンテンツを追加」「製造工程についてのコンテンツを追加」「同ブランド『テマヒマ洗顔』の実績を追加」「相談窓口の紹介コンテンツを追加」に3点をつけます。内容の検討や材料の準備などに時間のかかる「年齢肌に必要な成分についてのコンテンツを追加」は2点をつけます。「肌に馴染む様子を伝える動画コンテンツを追加」は動画制作を社内でできず、「初回購入金額を安くしたオファーに変更」は価格の調整に時間がかかるため、1点をつけます。

		課題	スピード
ベネフィット	機能面	肌のハリをメインに変更	3
		肌に馴染みやすいことを追加	3
		刺激がないことを追加	3
	感情面	自分の肌に自信が持てる、家族や友人から褒められる喜び、悩みのない生活を送れる幸せ、本来の自分に戻れる喜びを感じられることを追加	3
コンテンツ	特徴	年齢肌に必要な成分についてのコンテンツを追加	2
		ナノ化製法をもっと前面に押し出し、他の商品との違いを訴求するコンテンツを追加	3
		製造工程についてのコンテンツを追加	3
		肌に馴染む様子を伝える動画コンテンツを追加	1
	実績・評価	同ブランド『テマヒマ洗顔』の実績を追加	3
オファー	価格	初回購入金額を安くしたオファーに変更	1
	サポート	相談窓口の紹介コンテンツを追加	3

todo3. リソースの有無に点数をつける

最後に、リソースの有無で優先順位をつけます。どれだけインパクトがあり、スピード感を持ってテコ入れできる施策でも、お金や労力がなければ実行できません。そのため、必要な費用や労力を整理し、優先順位をつけます。

例えばシステム改修など、社内では対応できない作業には、外部のリソース確保が必要になります。また、顧客の声の収集、メディア掲載依頼、専門家からのお墨付きを手に入れるなど、社内で完結できないものも、リソースがかかる課題になります。すでにリソースを確保できている課題や、リソースを確保しやすい課題から取り組むことで、LP改善のスピードを早めることができます。そのため、課題に取り組むために、どれくらいの時間とお金と労力がかかるのかを見極めて優先順位を決めることが大切です。

テコ入れ対象の優先順位をつけるために、リソースの有無を数値化します。自分でできることを3点、社内のメンバーもしくは継続的な取引のあるパートナーで対応できることを2点、対応できるメンバーがいない場合は1点として、洗い出したテコ入れ対象の一覧に書き込みます。

◎リソースの有無による優先順位

case3. リソースの有無に点数をつける

それでは、「テマヒマセラム」を題材に、リソースの有無に点数をつけていきます。社内のデザイナーで対応できる「肌のハリをメインに変更」「肌に馴染みやすいことを追加」「刺激がないことを追加」「自分の肌に自信が持てる、〜」「ナノ化製法をもっと前面に押し出し、他の商品との違いを訴求するコンテンツを追加」「製造工程についてのコンテンツを追加」「同ブランド『テマヒマ洗顔』の実績を追加」「相談窓口の紹介コンテンツを追加」に2点をつけます。「年齢肌に必要な成分についてのコンテンツを追加」「初回購入金額を安くしたオファーに変更」は、内容を検討するのはあなたですが、それを実装するのはデザイナーになるので、よりリソースのかかる方で点数化します。そのため、この場合は2点としておきます。「肌に馴染む様子を伝える動画コンテンツを追加」は、動画制作のリソースを確保できていないので、1点をつけます。

		課題	リソース
ベネフィット	機能面	肌のハリをメインに変更	2
		肌に馴染みやすいことを追加	2
		刺激がないことを追加	2
	感情面	自分の肌に自信が持てる、家族や友人から褒められる喜び、悩みのない生活を送れる幸せ、本来の自分に戻れる喜びを感じられることを追加	2
コンテンツ	特徴	年齢肌に必要な成分についてのコンテンツを追加	2
		ナノ化製法をもっと前面に押し出し、他の商品との違いを訴求するコンテンツを追加	2
		製造工程についてのコンテンツを追加	2
		肌に馴染む様子を伝える動画コンテンツを追加	1
	実績・評価	同ブランド『テマヒマ洗顔』の実績を追加	2
オファー	価格	初回購入金額を安くしたオファーに変更	2
	サポート	相談窓口の紹介コンテンツを追加	2

todo4. 優先順位シートに合計を出し優先順位を決める

最後に、インパクト・スピード・リソースの3つの得点を合計し、点数の高いものから順に優先課題とします。

		課題	インパクト	スピード	リソース	合計
ベネフィット	機能面					
	感情面					
コンテンツ	特徴					
	実績・評価					
オファー	価格					
	サポート					

case4. 優先順位シートに合計を出し優先順位を決める

「テマヒマセラム」の例では、次のような結果になりました。この場合、もっとも点数の高かった相談窓口の紹介コンテンツやベネフィットの追加をデザイナーに依頼するところから始めることになります。また、点数が同じだった場合は、インパクトの点数が高い方を優先します。例えば「コンテンツの実績・評価」と「オファーの価格」はどちらも6点ですが、インパクトの点数の高い「オファーの価格」の対策が優先課題となります。

		課題	インパクト	スピード	リソース	合計
ベネフィット	機能面	肌のハリをメインに変更	2	3	2	7
		肌に馴染みやすいことを追加	2	3	2	7
		刺激がないことを追加	2	3	2	7
	感情面	自分の肌に自信が持てる、家族や友人から褒められる喜び、悩みのない生活を送れる幸せ、本来の自分に戻れる喜びを感じられることを追加	2	3	2	7
コンテンツ	特徴	年齢肌に必要な成分についてのコンテンツを追加	1	2	2	5
		ナノ化製法をもっと前面に押し出し、他の商品との違いを訴求するコンテンツを追加	1	3	2	6
		製造工程についてのコンテンツを追加	1	3	2	6
		肌に馴染む様子を伝える動画コンテンツを追加	1	1	1	3
	実績・評価	同ブランド『テマヒマ洗顔』の実績を追加	1	3	2	6
オファー	価格	初回購入金額を安くしたオファーに変更	3	1	2	6
	サポート	相談窓口の紹介コンテンツを追加	3	3	2	8

column　課題を正しく特定できれば仕事はうまくいく

もしあなたが仕事で成果を出したいと考えているなら、課題に対して正しく理解する必要があります。多くの人が、問題と課題の違いを分けて考えることができていません。問題とはトラブルのことで、目の前に起きている不都合な出来事のことです。それに対して課題は、その数ある問題の中で、解決することによって目標達成に向けて近づける出来事を指しています。1つのことを解決することですべてがうまくいくような課題を見つけられれば、そこにリソースを集中させることで、成功への近道を進むことができます。

よく、ボーリングに例えて、事業のセンターピンを見つけろと言われたりします。すべてのピンを倒そうとするのではなく、重要なピンを1本倒せば、その他のピンも倒れていくということです。事業も同じで、目の前の問題の中で、解決した時のインパクトがもっとも大きい問題が必ずあるはずです。あれもこれもやるのではなく、事業のセンターピンがどこにあるのかを見極めることが重要です。

その見極めに使えるのが、本章で紹介したインパクト・スピード・リソースの観点で評価する、優先順位のつけ方です。大事なのは、つけた優先順位に従って、リソースを集中させて1つずつ課題を解決していくことです。どれも大事だからといってすべてやることにしていると、リソースはいつも不足し、中途半端な成果しか出せなくなります。複数の課題に取り組むと、完了するのが遅くなります。すると、得られる結果が先延ばしされ、改善が遅れてしまいます。そのため、1つずつ取り組み早く結果を手に入れられる状態にすることが大切です。絞るということは、すなわち捨てるということです。成功への最短距離を進むために、センターピンとなる課題以外のことはいったん忘れ、その課題にリソースを集中させるようにしてください。

5章

LP 改善チャレンジ STEP ③
シナリオの再設計

STEP③シナリオの再設計

売れるLP改善のステップ3つ目は、シナリオの再設計です。売れるランディングページには、見込み客の買いたい気持ちを高めて、商品に納得してもらい、購入へとつなげるためのシナリオがあります。売れるランディングページに必要なシナリオとはどのようなものかについてご紹介します。

多くの企業が陥るシナリオ設計の間違い

ランディングページで成功するには、見込み客の購入意欲を高めるためのシナリオが必要です。しかし多くの企業が、シナリオのない、売れないランディングページを作っています。それは、商品のどこがすごいのか、どのような思いでその商品を作ったのかなど、自分たちが伝えたいことだけを並べた、売り手中心のランディングページです。これは、見込み客はすでに自分たちの商品にとても興味を持っていて、自分たちの作ったよい商品を紹介すれば、すぐにほしいと感じて買ってくれるという、間違った思い込みが原因です。こうした企業中心の発想を見直し、見込み客の心を動かすシナリオ作りが、ランディングページで成功するための必須条件となります。

◎売れないランディングページのシナリオの図

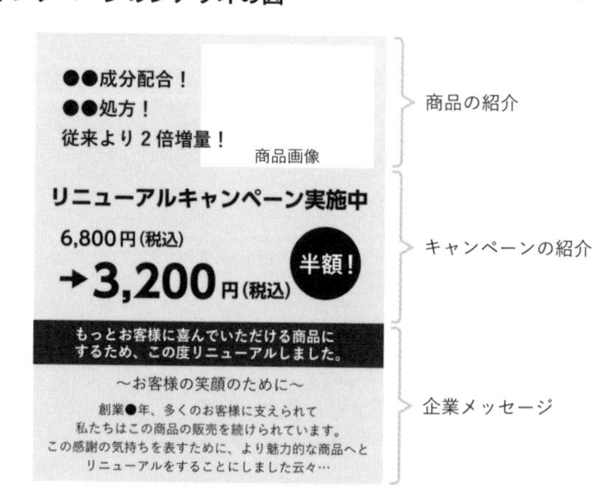

売れるランディングページのシナリオとは

売れるランディングページのシナリオは、見込み客がランディングページに書かれている内容を読み、気になり、納得し、検討して、購入するまでの、一連の流れを表すものです。シナリオが正しく設計されたランディングページでは、見込み客が内容を読み進めるほど、商品と売り手に対して納得し、購入を検討してくれるようになります。そこで重要になるのが、見込み客に「自分の課題を解決するために、この商品が必要だ」と思ってもらうためには、何を信じてもらう必要があるのか？　また、そのためにはどのような情報が必要なのか？　ということです。

ランディングページは、大きくファーストビュー、コンテンツ、オファーの3つのエリアに分かれています。中でも特に重要なのが、ファーストビューエリアです。見込み客はファーストビューエリアの内容を見て、そのランディングページを見るかどうかを決めます。そのためファーストビューエリアには、見込み客の興味づけを行うコンテンツを用意します。２つ目のコンテンツエリアは、コンテンツ毎のブロックパーツによって構成されます。ブロックパーツには「悩みへの共感」「問題の提起」「原因の特定」「解決策の提示」「Q＆A」など、いくつかの種類があります。最後のオファーエリアは、特典や保証、購入方法などを掲載し、最後のひと押しをするエリアになります。各エリアと、その中のブロックパーツをどのような順番に並べ、どのような内容にするのかによって、シナリオの完成度が決まります。

◎ランディングページは3つのエリアで構成される

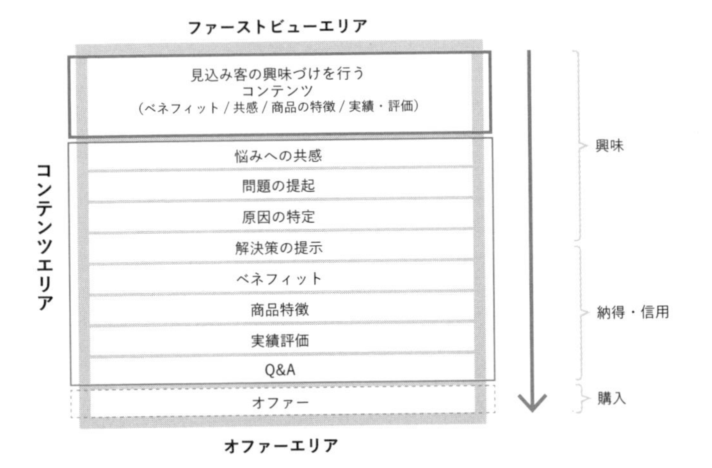

action1

シナリオのタイプを選ぶ（顕在層向け）

売れるランディングページのシナリオは、ターゲットの状態に合わせて、顕在層向けのシナリオと潜在層向けのシナリオに分けることができます。ここでは、顕在層へ向けたシナリオがどのような特徴を持っているのかを紹介します。

顕在層へ向けたシナリオとは

ランディングページのシナリオは、見込み客の状態に合わせて、顕在層向けのシナリオと潜在層向けのシナリオに分けられます。顕在層とは、すでに商品の購入を検討している段階の人たちのことです。例えばあなたが美容液を販売している場合、「すでに美容液を探している人」が顕在層になります。顕在層は、課題の解決手段となる商品の中で、自分が買うべきベストな商品を探しています。そのため、どの商品がもっとも効果的なのか、もっとも信用できるのか、もっともお買い得なのかを比較したいと思っています。

顕在層へ向けたシナリオは、比較検討中の見込み客が、あなたの売っている商品にもっとも魅力を感じ、購入してくれるように促すための筋書きです。そのため、あなたの販売している商品が、競合商品と比べて、どのようなベネフィット、商品特徴、実績や評価があり、どのようなお得な提案が用意されているのかといった情報を積極的に伝えます。それによって、複数の商品を比較検討している見込み客の興味を引き、購入へと進んでもらえるランディングページになります。

◎顕在層についての図

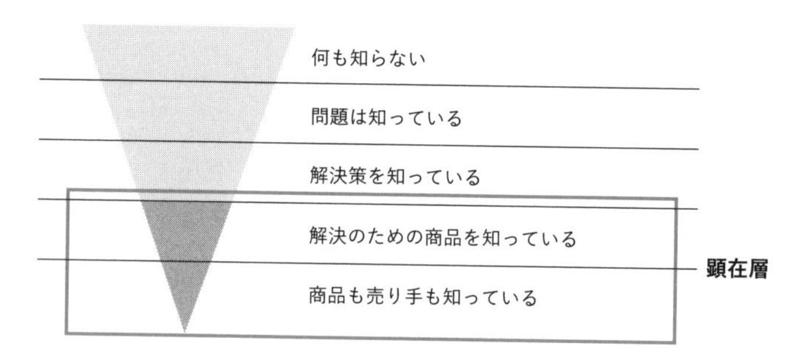

顕在層へ向けたシナリオの構成要素

顕在層へ向けたシナリオは、全体の構成として「ファーストビューエリア」→「オファーエリア」→「コンテンツエリア」→「オファーエリア」の順に配置します。コンテンツエリア内のブロックパーツは、「実績評価」→「ベネフィット」→「商品特徴」→「申込の流れ」→「使い方」→「Q&A」になります。最後にもう一度、「オファーエリア」を配置します。

顕在層へ向けたシナリオでは、見込み客が何に対する比較を求めているのかによって、推し出すコンテンツが変わります。例えば、見込み客が機能や品質の違いにこだわりがなく、できるだけ安く買える商品を探しているのであれば、割引などのキャンペーン情報を前面に出した構成が効果的になります。そうではなく、より高い効果を求めているのであれば、競合商品にはない特別なベネフィットや、商品特徴を前面に出した構成が効果的になります。また、より信用できる商品を探しているのであれば、実績評価といった、ベネフィットの証拠となる情報を前面に出した構成が効果的になります。

競合商品との間に大きなベネフィットの違いがない場合は、オファーの積極的な提案が、売れるLP改善のための近道になります。また「オファー」に関する情報として、購入手続き、購入後の流れ、商品の使い方など、商品を利用するイメージを与えるコンテンツを配置することで、スムーズな購入へと見込み客を導きます。

◎顕在層向けのシナリオ構成の図

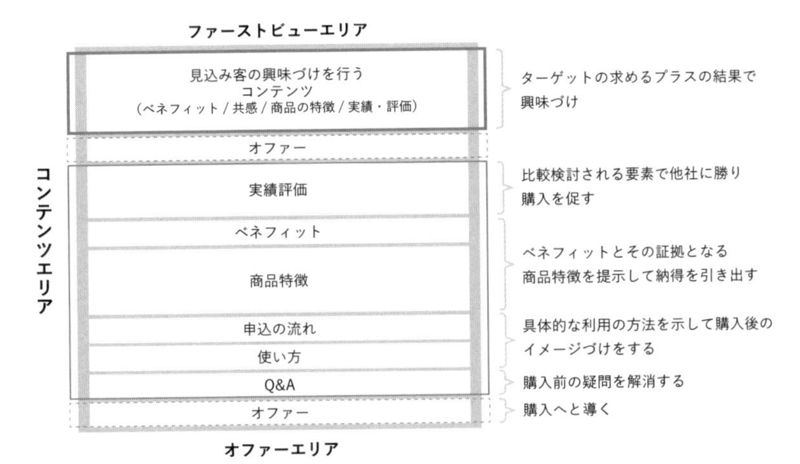

case1. 顕在層へ向けたシナリオ

それでは、『テマヒマセラム』を題材にして顕在層へ向けたシナリオを設計していきます。3章の実践的リサーチによって整理した情報と、4章の売れるLP改善のための課題として整理した情報をもとに、各ブロックパーツで訴求するコンテンツを書き出していきます。

見込み客の興味づけを行うファーストビューエリアには、「肌にハリ・ツヤを与える」ベネフィットと、「配合成分」「ナノ化製法」「無添加処方」の3つの商品特徴、『テマヒマ洗顔』の実績についての情報を配置しました。

オファーエリアでは、「通常価格」「特別価格」「オファーの適用条件」を配置しました。

コンテンツエリアの「実績評価」ブロックには『テマヒマ洗顔』の詳しい実績を、「ベネフィット」ブロックには、ファーストビューの訴求軸と揃えるために「肌にハリ・ツヤを与える」ことについて配置しました。「商品特徴」ブロックには「コラーゲン、ヒアルロン酸、セラミド、アミノ酸、その他保湿成分20種類を配合」「成分をナノ化する先進的な製法の採用」「添加物を使わない処方を採用」「サラッとしたテクスチャ」「プッシュタイプのノズルを採用」の5つを詳しく訴求することにしました。あとは、「申込の流れ」を3STEPで、「使い方」に動画で訴求するコンテンツを、「Q&A」によくある質問を配置することにしました。最後に、ページを下まで見た見込み客がそのまま購入へと進みやすいように、もう一度オファーを配置しました。

この段階では、各コンテンツの中身は詳細に埋めず、どのような情報が入るかがわかるようになっていればOKです。

◎顕在層向けのシナリオ構成の例の図

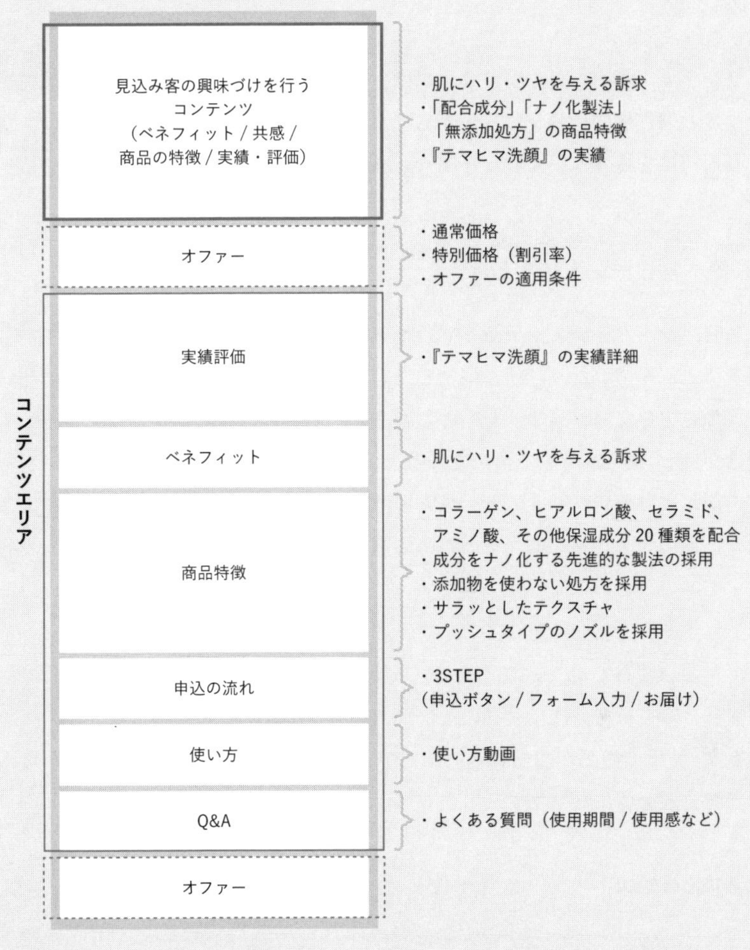

action2

シナリオのタイプを選ぶ（潜在層向け）

売れるランディングページのシナリオには、ターゲットの状態に合わせて、顕在層向けのシナリオと潜在層向けのシナリオがあります。ここでは、潜在層へ向けたシナリオがどのような特徴を持っているのかを紹介します。

潜在層へ向けたシナリオとは

ランディングページのもう1つのシナリオが、潜在層へ向けたシナリオです。潜在層とは、悩んでいたり課題を解決したいと思っているけれど、いまだ具体的な手段を見つけていない状態の人たちのことです。例えばあなたが美容液を販売している場合、「肌の衰えを感じて悩んでいる人」が潜在層になります。

潜在層へ向けたシナリオでは、悩みの原因は何か？　悩みの解決にはどのような方法があるのか？　そして、そのための選択肢としてあなたが販売している商品がベストである、という流れが必要です。なぜなら顕在層と異なり潜在層は、いまだ悩みを解決する方法を特定しておらず、商品の購入によって課題を解決しようとは考えていないからです。そのため、いきなりお得なキャンペーンの話をされても、潜在層にとっては自分には必要のない商品の売り込みだとしか感じません。商品を売る前に、「その商品が自分にとってベストな選択である理由」を知ってもらうための筋書きが必要になります。

◎潜在層についての図

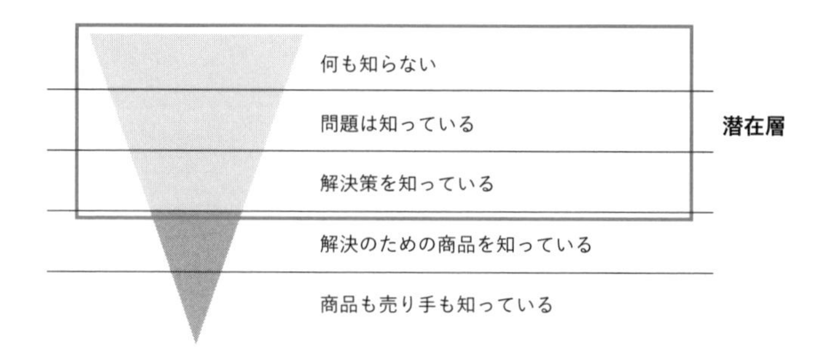

潜在層へ向けたシナリオの構成要素

潜在層へ向けたシナリオでは、自分にとってのベストな解決法を探している状態の見込み客の注意を引き、関心を寄せるためのコンテンツが必要になります。全体の構成としては、「ファーストビューエリア」→「コンテンツエリア」→「オファーエリア」という配置になります。コンテンツエリアの構成は、「悩みへの共感」→「問題の提起」→「原因の特定」→「解決策の提示」→「ベネフィット」→「商品特徴」→「実績評価」→「申込の流れ」→「使い方」→「Q&A」になります。その中でも特に重要なのが、「悩みへの共感」→「問題の提起」→「原因の特定」→「解決策の提示」の4つになります。

見込み客は、売り手の情報を疑っています。ですが、相手が自分の悩みや問題について理解してくれているとわかれば、その相手の話に耳を傾けてくれます。そのため、最初に相手の悩みや状況などを示すことによって、見込み客の共感を得ます。次に、その悩みを抱えていることの問題や、その悩みが生まれている原因を示すことで、その解決策を知りたいと感じてもらいます。そして、いよいよ解決策を示されることで解決したいという気持ちが高まり、説得力のある形で商品を紹介することができるようになります。

その後は、顕在層向けのシナリオと同じく、商品に興味を持ってもらうための「ベネフィット」や「商品特徴」「実績評価」やオファー関連のコンテンツによって興味づけを行い、納得を引き出し、購入を決断してもらうという流れになります。

◎潜在層向けのシナリオ構成の図

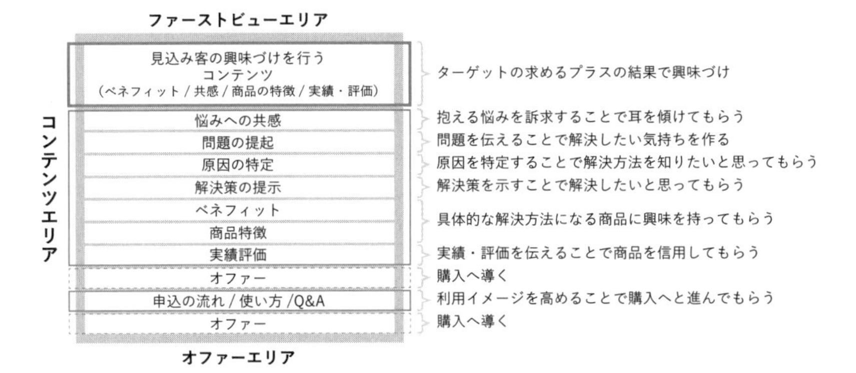

case2. 潜在層へ向けたシナリオ

それでは、『テマヒマセラム』を題材にして、潜在層へ向けたシナリオを設計していきます。見込み客の興味づけを行うコンテンツエリアの流れに合わせて、どのような内容を配置するのかを決めていきます。

特に重要なコンテンツエリア内の4つのブロックパーツのうち、「悩みへの共感」では、「今までのスキンケアでは満足できなくなってきた…」「高い美容液も試してみたけどいまいち…」「自分の肌に自信が持てない…」といった、ターゲットの感じている悩みや状況についての情報を配置しました。「問題の提起」では、「肌の保湿力が弱まるため潤いがなくなり、乾燥や肌トラブルが起きること」を配置しました。「原因の特定」ブロックでは、「肌を構成するコラーゲンやヒアルロン酸などの成分が、加齢によって減少していくこと」を配置しました。「解決策の提示」ブロックでは、「コラーゲンやヒアルロン酸を肌に浸透させてケアすること」「浸透させやすくするために成分を小さくする必要があること」を伝えるコンテンツを配置しました。

あとは、顕在層向けのシナリオを合体させる形で、全体の構成を完成させます。この段階では、各コンテンツの中身は埋めず、ランディングページに訪れた潜在層の見込み客に対して、どのような流れで情報を提供していくのかが整理されていればOKです。

配置するコンテンツ量が多くなる時は、コンテンツの区切りのよいところにオファーエリアを挿入するようにします。すべての顧客が最後までコンテンツを見てから購入するわけではないからです。見込み客の納得を得られるタイミングでオファーエリアを配置しておくと、スムーズに申込へと誘導することができます。

◎潜在層向けのシナリオ構成の例の図

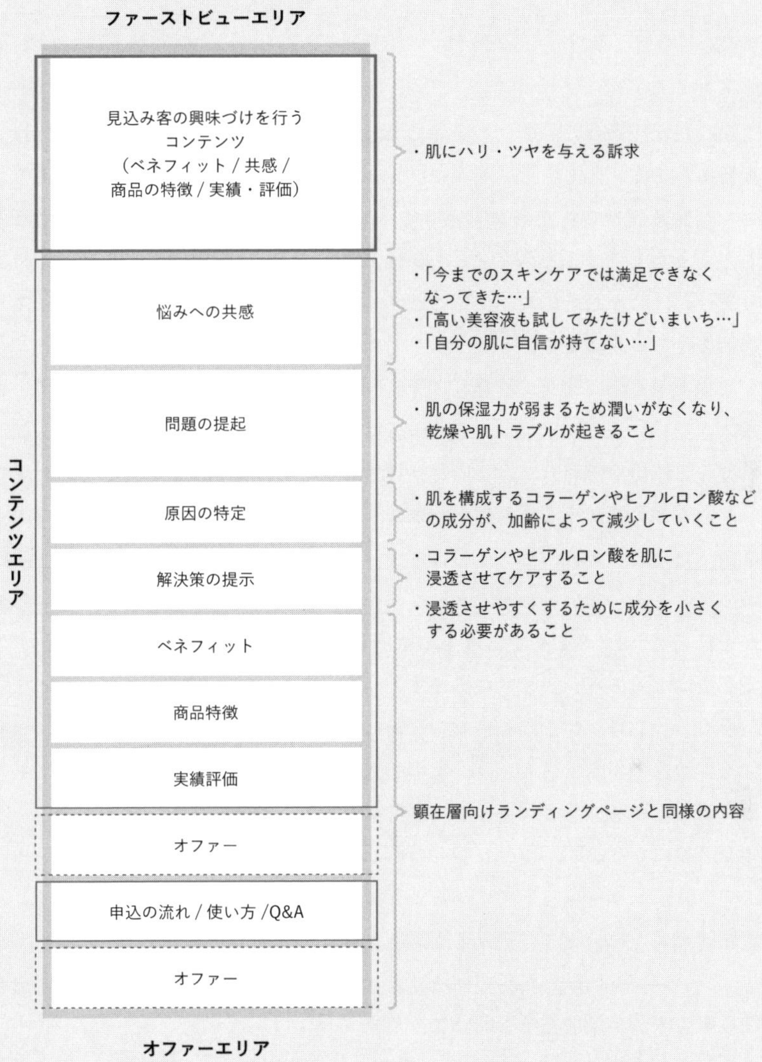

column シナリオが必要ない時とシナリオが必要な時の違い

あなたが売ろうとしている商品について相手が詳しくない時、シナリオは力を発揮します。一方、その商品に詳しい相手に対して、シナリオは必要ありません。例えばあなたが野菜を売っていて、1本500円するニンジンを売ろうとしているとします。一般的に、1本500円のニンジンを買う人はそう多くはありません。しかしそのニンジンはとても手間暇かけた育てられ方をしていて、味も美味しい人参です。

あなたがそのニンジンを野菜に詳しい料理人に売ることになったとして、料理人がそのニンジンのことを知っていれば、「●●産の●●人参です」と伝えればその価値が伝わり、ほしいと感じてくれます。でも、その人参のことを知らない一般の人に売ろうと思った場合、どれくらい美味しいのか、希少なのかを伝えた上で、興味づけをすることから始めなければいけません。どんな手間暇の掛け方をしているのか、どんな人がどんな想いでその人参を育てているのかを伝えて、1本500円する理由に納得してもらわなければいけません。そこで必要になるのがシナリオなのです。

多くの商品は、いまだ見込み客に知られていない商品です。そのため、単純にその商品の特徴を伝えたり、実績を伝えたりするだけでは興味を持ってもらえません。興味のない見込み客の注目を集めて、納得してもらうためのシナリオが必要になります。相手が関心のある話題から始めて、最初のコンテンツが次のコンテンツを見る理由になるような流れでシナリオを構築することで、あなたが伝えたい情報を見込み客は最後まで読み進めてくれます。これは、ランディングページに限った話ではありません。動画やメールなど他のメディアを使う場合や、会話などでも同じことです。

自分の伝えたいことを伝えたい順番で伝えていても、相手には伝わりません。シナリオを作る時は、相手が興味を持っていることと自分が伝えたいことを両端に置いて、その間に何があれば端から端までスムーズに流れていくかを考えます。それが、すぐれたシナリオの構成になります。

6章

LP 改善チャレンジ STEP ④ ファーストビューエリアの再設計

STEP④ファーストビューエリアの再設計

売れるLP改善のステップ4つ目は、ファーストビューエリアの再設計です。見込み客の興味を引きつけるために必要な、ランディングページで最初に伝える情報の設計方法についてご紹介します。

ファーストビューエリアの役割

ここまでで、売れるランディングページを作るためのシナリオの設計が完了しました。ここからは、設計したシナリオに基づいて、ファーストビュー、コンテンツ、オファーの3つのエリアそれぞれの再設計を行っていきます。最初に行うのが、ファーストビューエリアの再設計です。ファーストビューとは、ランディングページを開いて最初に表示される画面のことです。ファーストビューは、見込み客がそのページを読み進めていくかどうかに関わる、重要な構成要素です。パッと見て内容が伝わらなかったり、情報量が多すぎたり、表示が遅かったりすると、見込み客はすぐにランディングページから出て行ってしまいます。

ファーストビューの役割は、ランディングページに訪れた見込み客に「このページを読みたい」と思ってもらうことです。そのため、ページを開いた瞬間に目に入ってくる情報で、「これなら自分の悩みが解消できるかも！」と感じてもらえなければいけません。そのために活用するのが、「共感」「ベネフィット」「商品特徴・実績評価」です。

◎ファーストビューエリア

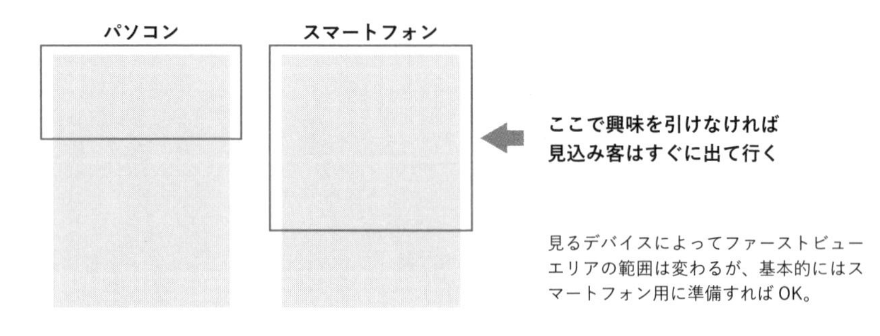

ファーストビューエリアを作る3つのアクション

それでは、ファーストビューエリアを作っていきましょう。ファーストビューは、①キャッチコピーを作る、②メインビジュアルを探す、③構成案を作る、の3つのアクションで作ります。最初に、①見込み客の興味を引きつけるキャッチコピーを作ります。そして②メインビジュアルで、キャッチコピーで伝えている内容をイメージとして伝えます。最後に、③それらの要素を組み合わせてファーストビューの構成案を完成させます。

キャッチコピーの要素となるのが、見込み客に自分ごと化してもらうための「共感」、商品を使うことで手に入る「ベネフィット」、商品についての情報である「商品特徴・実績評価」です。顧客が商品を買うのは、「これは自分の課題を解決できる商品だ」と感じた時です。そのため、キャッチコピーによって自分ごと化してもらうための呼びかけを行い（共感）、相手の抱える課題が解決することを伝え（ベネフィット）、その証拠となる商品の優位性を示す（商品特徴・実績評価）のです。

また、ファーストビューのメインビジュアルは、ページを開いた瞬間の印象を形作る役割があります。そのため、商品を使うことで手に入る「ベネフィット」を想起させるビジュアルを配置することで、パッと見た瞬間に、見込み客が自分のための情報だと感じ取ってくれるようにします。

◎ファーストビューを作る3つのアクション

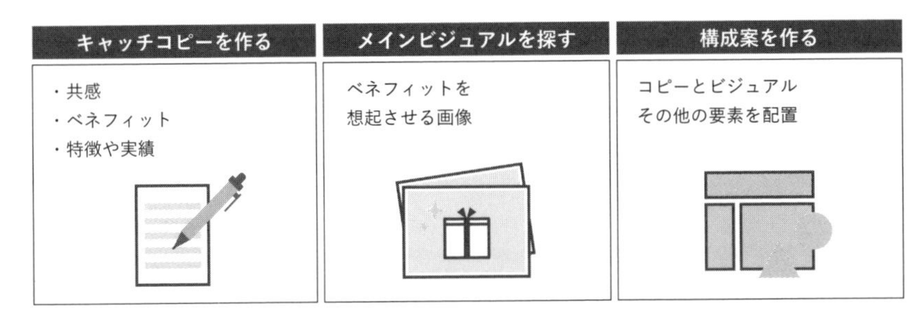

action1

キャッチコピーを作る

ファーストビューエリアの再設計の1つ目のアクションは、キャッチコピーの作成です。ランディングページ全体の見出しになる、もっとも重要なメッセージの作り方について紹介していきます。

キャッチコピー作りの3つのタスク

ファーストビューエリアのキャッチコピーは、ランディングページを訪れた見込み客が最初に目にするメッセージです。見込み客は、このキャッチコピーを見て「このページで紹介されている商品は、自分にとって価値のあるものかもしれない」と感じることによって、ランディングページ全体を読み進めてくれます。そのため、キャッチコピーで見込み客の心を掴めなければ、その後の情報は見込み客に届くことはありません。

キャッチコピー作りには、3つのタスクがあります。①「共感」を得るためのコピーを作る、②「ベネフィット」を伝えるコピーを作る、③「商品特徴・実績評価」を伝えるコピーを作るの3つです。悩んでいることや求めていることなどによって、誰のための商品なのかを示して共感してもらいます。次に、どのようなベネフィットが手に入るのかを示すことで興味を持ってもらいます。最後に、その証拠となる商品の特徴や実績評価を示して納得してもらうことで、ランディングページを読み進めてもらえます。

◎キャッチコピー作りの3つのタスク

共感を得るための コピーを作る	ベネフィットを伝える コピーを作る	商品特徴・実績評価を 伝えるコピーを作る
〜でお悩みの方 〜歳の方 〜になりたい方 など	〜できる 〜なれる 〜しなくていい など	●●機能搭載 ●●成分配合 ●●No.1 ●●個販売 など

todo1. 共感を得るためのコピーを作る

売れるランディングページのキャッチコピーを作るための1つ目のタスクは、「共感」を得るためのコピーを作ることです。このコピーには、そのランディングページが「誰のためのページなのか？」を明確にする役割があります。見込み客が「これは自分に関係のあるページだ」と思わなければ、そのランディングページは見てもらえません。そのため、相手が関心のある情報を伝えることで、「自分に関係のあるページだ」と感じてもらい、ランディングページに引き込むのです。

具体的には、悩みや恐れ、抱えている問題や理想などが、「共感」を得るための情報になります。ターゲットのプロフィールに特徴がある場合は、年齢や職業や居住地、家族構成なども、「共感」を得るための情報として使えるでしょう。例えばスキンケア用品の場合、ターゲットは肌の衰えに悩んでいます。そこで、キャッチコピーによって「今までのスキンケアが物足りなくなったあなた」と呼びかければ、ファーストビューを見た人は「私のことだ」と感じます。他にも「実年齢よりも若く見られたいあなた」「50歳からのスキンケアをお探しの方へ」など、相手の理想や年齢に合わせた「共感」を得るためのメッセージが考えられます。店舗ビジネスなら「(地域名) にお住まいのあなた」、学習塾なら「お子様の学力に不安を感じている親御様」、企業向けのサービスなら「来月の売上に不安を感じている経営者の方」のように、ターゲットに合わせた「共感」を得るためのコピーが考えられます。

◎共感を得るコピーの考え方

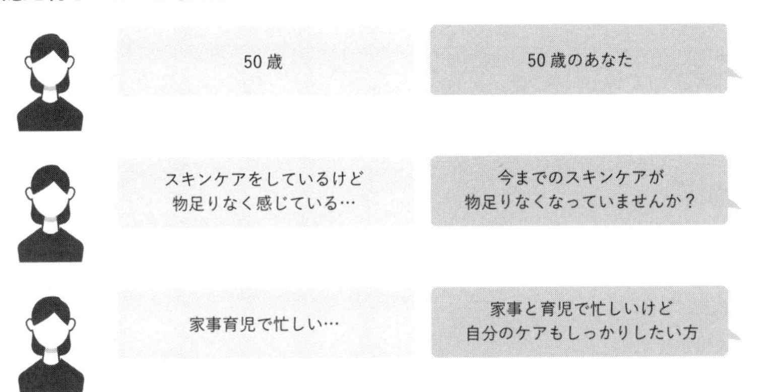

●case1. 共感を得るためのコピーを作る

それでは、『テマヒマセラム』を題材にして、「共感」を得るためのコピーを作っていきましょう。最初に、P.48で作成した顧客リサーチシートを参照して、ターゲットのプロフィールや悩み、課題や理想などの情報を確認します。ターゲットの年齢は38歳、悩みは「急に老けた印象になってきたこと」です。「今までのスキンケアでは満足できなくなっている」という状況にあります。他にも、「綺麗なお母さんでいることで娘から褒められたり、喜んでもらったりしたい」と願っています。これらの情報から、見込み客が「私のことだ」と感じてもらえるコピーを考えます。

簡単な方法は、「〜なあなた」をつけることです。「38歳のあなた」「急に老けた印象になったあなた」「今までのスキンケアでは満足できなくなっているあなた」「ママ綺麗、と褒められたいあなた」などです。また、それぞれの要素を組み合わせたり言い方を変えたりすることで、より魅力的な表現にすることができます。「30代なのに老けた印象に悩んでいるあなた」「今までのスキンケアに満足できない30代必見」などです。

キャッチコピーには、正解があるわけではありません。組み合わせや言い換えをいろいろと試すことで、たくさんのパターンを作ってください。ここで作ったコピーの1つ1つが、今後行う改善のためのテストパーツになります。

◎共感を得るコピーの例

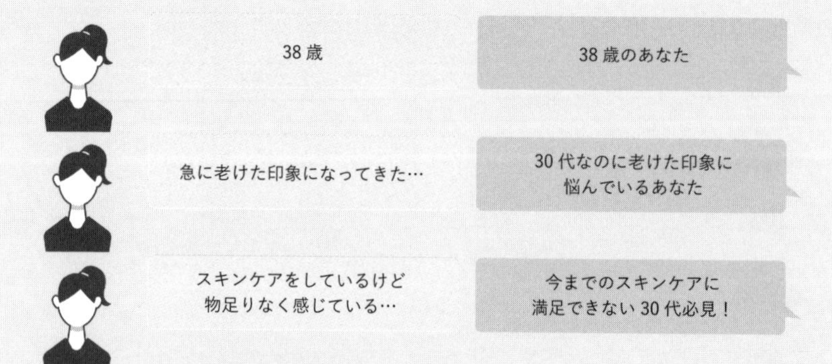

todo2. ベネフィットを伝えるコピーを作る

売れるランディングページのキャッチコピーを作るための2つ目のタスクは、「ベネフィット」を伝えるコピーを作ることです。3章の実践的リサーチで整理したベネフィットの中から、見込み客がもっとも求めていること、かつ自社の商品が自信を持って提供できることを1つだけ選びます。それが、ファーストビューで伝えるベネフィットになります。

ただし、そのままではキャッチコピーとしてのキャッチーさに欠けるため、3つの要素を追加することで、見込み客の心を引き寄せます。それは、①人の求める3つの条件を追加する、②具体的な数字を使う、③読みやすい長さにする、です。①人の求める3つの条件とは、「手軽さ」「素早さ」「お得さ」です。人は「簡単で」「早く」「お得に」結果を手に入れたいと思っているので、これらの要素をコピーに追加します。そして、信憑性を出すために②数字を使って具体性を持たせます。どれくらいの結果が手に入るのか、どれくらいの期間で結果が手に入るのか、どれくらいの割引があるのかなどを、具体的な数字で示します。最後に、③読みやすい長さに調整します。目安は10〜13文字程度です。伝えたいことが伝わるなら、もっと少ない文字数でもかまいません。

◎ベネフィットを伝えるコピーに加える要素

人の求める 3 つの条件を使う	具体的な数字を使う	読みやすい長さにする
・手軽さ ・素早さ ・お得さ	・ベネフィットの量 ・手に入れるまでの期間 ・割引の金額 など	・10〜13 文字程度 ・単語の羅列などでも OK

case2. ベネフィットを伝えるコピーを作る

それでは、『テマヒマセラム』を題材に、「ベネフィット」を伝えるコピーを作っていきます。まず、P.55で作成した商品リサーチシートを参照して、機能的ベネフィットと感情的ベネフィットを確認します。機能的ベネフィットには、「肌が潤う」「肌にハリとツヤが出る」「明るい印象になる」「肌に馴染む」「サッとつけられる」などがあります。感情的ベネフィットには、「年齢を気にせず毎日過ごせる」「スッと馴染むから気持ちがいい」などがあります。これらの要素を、前述の3つの方法を使って売れるキャッチコピーへと変化させます。

最初に、人の求める3つの条件を追加します。「手軽さ」に関しては、「1プッシュで使える」「1日1回使えばよい」などが考えられます。「素早さ」に関しては、「つけた瞬間に潤う」が考えられます。「お得さ」に関しては、この時点ではアピールできるものがないので飛ばします。次に具体的な数字として、「1日1回」「1プッシュ」「1秒（つけた瞬間を表現）」などが考えられます。これらを組み合わせると、「つけた瞬間、肌が潤う」「1日1回塗るだけで、肌にハリとツヤが」「1プッシュで簡単スキンケア」のようになります。最後に、読みやすい長さに調整します。

◎ベネフィットを伝えるコピーの例

ベネフィット
機能的ベネフィット：肌が潤う、肌にハリとツヤが出る、肌に馴染む、サッとつけられる 感情的ベネフィット：年齢を気にせず毎日過ごせる、スッと馴染むから気持ちがいい

人の求める３つの条件を使う	具体的な数字を使う	読みやすい長さにする
・1プッシュで使える ・1日1回使えばよい ・つけた瞬間に潤う	・1日1回 ・1プッシュ ・1秒（つけた瞬間を表現）	・1日1回塗るだけで、肌にハリとツヤが ・1プッシュで簡単スキンケア

todo3. 商品特徴・実績評価を伝えるコピーを作る

売れるランディングページのキャッチコピーを作るための3つ目のタスクは、「商品特徴・実績評価」を伝えるコピー作りです。実践的リサーチによって整理した商品の特徴や実績評価の中から、他社の商品にない特徴を3つ、実績評価を1〜2つ選びます。人は、情報量が多すぎると面倒に感じ、その先へと進んでくれなくなります。また、1つ1つの情報の重要度が落ちてしまいます。そのため、ファーストビューではもっとも重要な3つの特徴、誰が見てもすごいと思う1〜2つの実績や評価に絞るのです。

これらの情報をキャッチコピーに変化させるには、選んだ特徴や実績を短い文章にすることがポイントです。単語の組み合わせなど、文章として成立していなくてもかまいません。ファーストビューにおける「商品特徴・実績評価」を伝えるコピーの役割は、見込み客の興味を掻き立てるための後押しです。そのため、情報として読ませるのではなく、「なんだかよさそう」と感じてもらうためのアイキャッチになれば十分なのです。

◎商品特徴・実績評価を伝えるコピーに加える要素

商品特徴	実績評価
・独自機能 ・独自成分 ・独自製法 ・独自処方 ・●●が開発 など	・販売数 ・顧客数 ・売上額 ・企業の実績 ・メディア掲載 ・専門家の推薦 など

case3. 商品特徴・実績評価を伝えるコピーを作る

それでは、『テマヒマセラム』を題材にして、「商品特徴・実績評価」を伝えるコピーを作っていきます。まず、P.55で作成した商品リサーチシートを参照して、商品特徴、実績評価についての情報を確認します。ここでは、商品特徴として「成分をナノ化する先進的な製法の採用」「コラーゲン、ヒアルロン酸、セラミド、アミノ酸、その他保湿成分20種類を配合」「サラッとしたテクスチャ」、実績評価として「100万個の販売実績」「大手ECモールでのNo.1販売実績」を選びました。

これらを短く表現すると、「先進的ナノ化製法を採用」「美容・保湿成分24種類配合」「瞬間浸透テクスチャ」、「シリーズ累計100万個突破」「テマヒマシリーズ売上No.1」のようになります。アイキャッチとなる要素のため、文章として成立していなくてもかまいません。

◎商品特徴・実績評価を伝えるコピーの例

商品特徴	実績評価
・潤いを与える ・ハリ・ツヤを与える ・コラーゲン、ヒアルロン酸、セラミド、アミノ酸、その他保湿成分 20 種類を配合 ・添加物を使わない処方 ・サラッとしたテクスチャ ・成分をナノ化する先進的な製法の採用	・100 万個の販売実績 ・有名雑誌での紹介 ・大手 EC モールでの No.1 販売実績 など ※同ブランド『テマヒマ洗顔』の実績として

▼

商品特徴	実績評価
・先進的ナノ化製法を採用 ・美容・保湿成分 24 種類配合 ・瞬間浸透テクスチャ	・シリーズ累計 100 万個突破 ・テマヒマシリーズ売上 No.1

キャッチコピー作りに使える鉄板の型

世の中には、セールスライターという「売るための文章」を書く人たちがいます。これまで多くのセールスライターがたくさんのコピーを書いてきましたが、効果的なコピーは代々受け継がれ、今でも使われています。まずは効果が実証済みのコピーの型を利用して、キャッチコピーを作ってみてください。

テンプレート	例
(ベネフィット)が、たった(値段)で	極上のエステ体験が、たった5,000円で。
(ベネフィット)が手に入る、(面倒なことを)しなくても	スリムボディが手に入る、無理な食事制限をしなくても。
もしあなたが、(特定の条件を満たす)なら、(ベネフィット)が手に入る。	もしあなたが、1日30分のオンライントレーニングができるなら、2ヶ月で英語力が身につきます。
(ベネフィット)を手に入れたい人は、他にいませんか？	10年前のようなお肌を取り戻したい人は、他にいませんか？
(ベネフィット)を手に入れたい、あなたへ	水着の似合う体型になりたい、あなたへ。
(商品特徴)とは？	マンツーマンヨガとは？
こんな間違いをしていませんか？	ダイエットでこんな間違いをしてませんか？
ご存知ですか？(商品特徴)	ご存知ですか？あなたの自宅にシェフが出張するサービス。
もし(ベネフィット)を手に入れられたらどうしますか？	もし、今よりも収入の高い会社へ転職できたらどうしますか？
(怠け者)が(ベネフィット)を手に入れた方法	昼まで寝ていて、3倍の収入を手に入れた方法。
(ベネフィット)を手に入れる人、手に入れられない人	視力を回復できる人、できない人。
苦労して(対策)するのはやめましょう	苦労してダイエットするのはやめましょう。
(悩み)をやめる方法	ママ友からのマウンティングに悩むのをやめる方法。
寝ている間に(ベネフィット)が手に入る	寝ている間に読書ができる。
楽して(ベネフィット)が手に入る	楽して痩せる方法。
たった○分で(ベネフィット)が手に入る	たった10分で顔のお肉をリフトアップ。
お金をかけずに(ベネフィット)が手に入る	お金をかけずに集客できる。
人には言えない(対策)	人には言えない薄毛対策。

action2

メインビジュアルを探す

ファーストビューエリアの再設計の2つ目のアクションは、メインビジュアル（画像）を探すことです。ランディングページの第一印象となる重要な要素が、ファーストビューで使う画像です。

メインビジュアルを探すための3つのタスク

見込み客がランディングページを読み進めるかどうかは、ファーストビューの内容によって決まります。そして、その中でも最初に目に止まり、脳に伝わるのが、画像です。見込み客は、そこに写っているものによって、そのページに書かれている内容を瞬時に判断します。そのためファーストビューでは、見込み客が「自分に関係のあるページ」だと感じてくれるような画像を使う必要があります。

メインビジュアル探しには、3つのタスクがあります。それが、①顧客の理想を表す画像を探す、②顧客の悩みを表す画像を探す、③商品を表す画像を探すの3つです。①顧客の理想を表す画像は、ベネフィットを手に入れた時の顧客の様子をイメージさせる画像です。②顧客の悩みを表す画像は、悩んでいる様子の人や問題が起こっている状況をイメージさせる画像です。③商品を表す画像は、商品のパッケージや使用シーンなどの画像です。これら3つの観点から、メインビジュアルとなる画像を探します。

◎メインビジュアル探しの3つのタスク

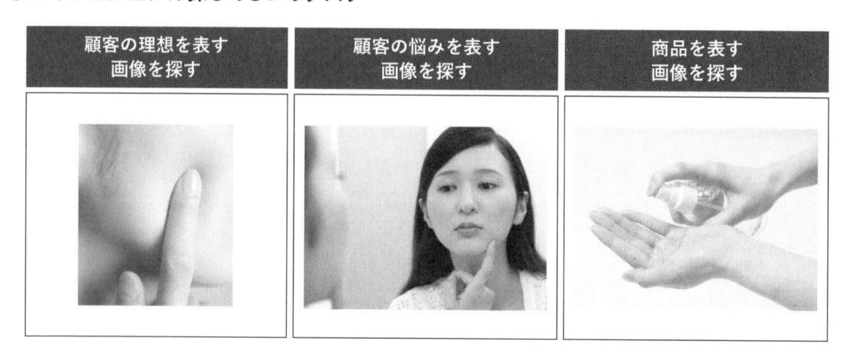

todo1. 顧客の理想を表す画像を探す

売れるランディングページのメインビジュアルを探す1つ目のタスクは、顧客の理想を表す画像を探すことです。これは、キャッチコピーで伝えるベネフィットをビジュアルで見せることによって、理想が実現した様子をイメージしてもらう効果があります。スキンケアなら綺麗な肌、ダイエットなら痩せて引き締まった身体、英会話なら海外の人と会話している様子などが、顧客の理想を表す画像になります。機能的ベネフィットを表すイメージと感情的ベネフィットを表すイメージを、それぞれ選びます。笑顔の人物を使うと効果的です。

画像は、一定の制限の範囲内で自由に使えるストックフォトサービスを利用します。無料から有料までいろいろありますが、質の高さと種類の多さから有料サービスを利用するのがおすすめです。ストックフォトサービスでは、次のような流れで画像を探し、ダウンロードします。

検索窓にキーワードを入力すると、マッチした画像が表示されます

イメージに合う画像を選びます

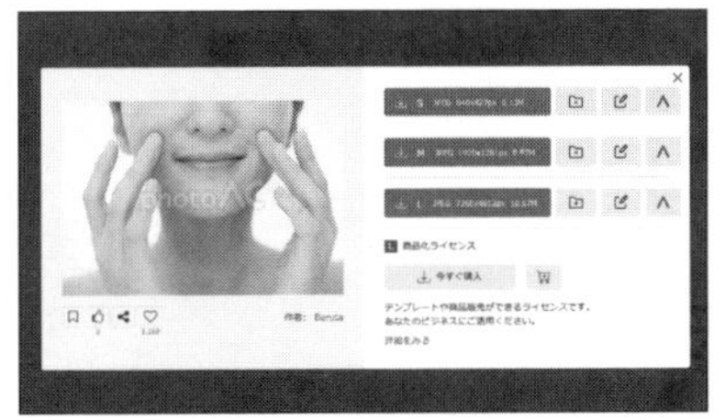

あとから加工する可能性があるので、大きめのサイズでダウンロードします

case1. 顧客の理想を表す画像を探す

それでは、『テマヒマセラム』を題材にして、顧客の理想を表す画像を探していきます。ターゲットの理想は、肌のハリ・ツヤを取り戻して、若々しい自分を取り戻すことです。その結果、子供からも褒められて、自慢のお母さんになることを求めています。そのため、ストックフォトサービスで「女性 30代」「女性 40代」「女性 スキンケア」などのキーワードで検索をかけます。するとたくさんの画像が出てくるので、そこから笑顔で肌のハリ・ツヤがよくわかる画像を選んでいきます。

「女性 スキンケア」の検索結果

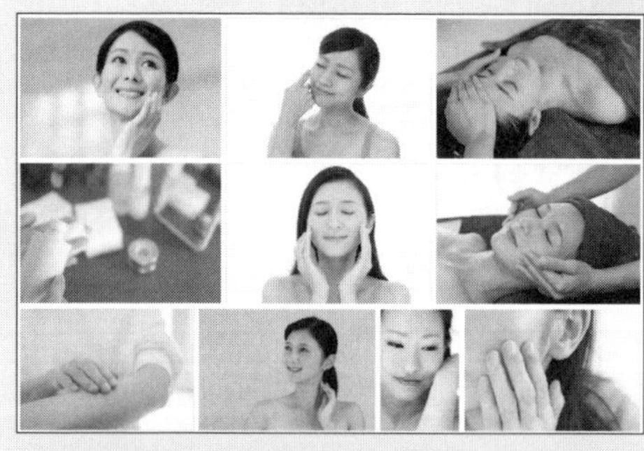

「スキンケア」の検索結果

肌のハリ・ツヤをイメージした
画像を選定
あとから加工する可能性があるので、
大きめのサイズでダウンロードします

todo2. 顧客の悩みを表す画像を探す

売れるランディングページのメインビジュアルを探す2つ目のタスクは、顧客の悩みを表す画像を探すことです。これは、相手の共感を得るコピーの内容をビジュアルで見せることによって、見込み客に自分ごと化してもらう効果があります。スキンケアなら衰えた肌を見て凹んでいる様子、ダイエットなら太ってだらしない身体、英会話なら海外の人を前にして困っている様子などが、顧客の悩みを表す画像になります。

一般的ではないシーンの場合、ストックフォトサービスの検索結果に画像が表示されないこともあります。その場合は、別の表現で検索したり、単語で区切って検索したりしてみてください。

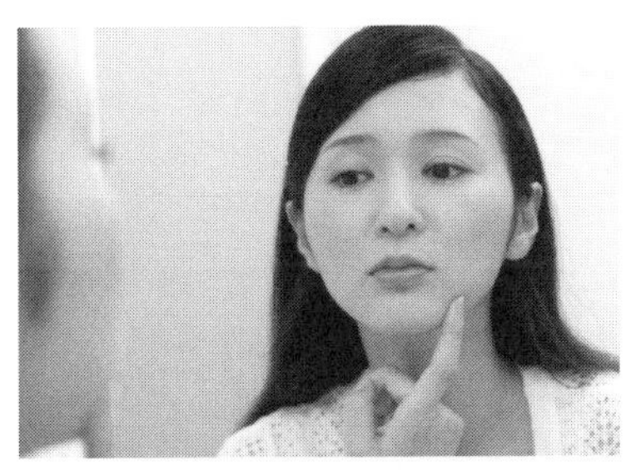

肌の衰えに悩む女性
「女性 肌 悩み」で検索

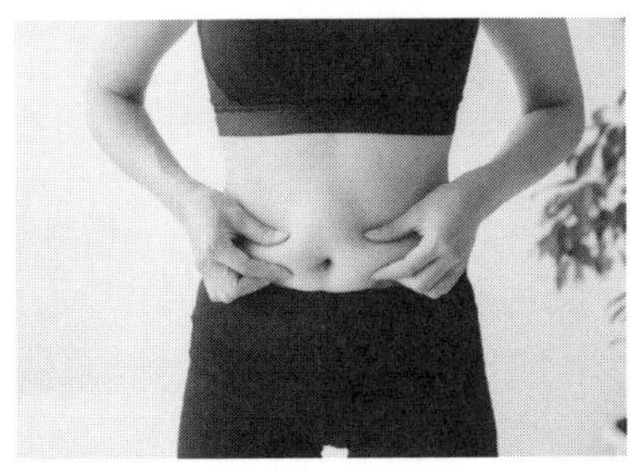

ダイエットで悩んでいる人
「肥満」で検索

外国語に自信がない人
「コミュニケーション 外国人」で検索

case2. 顧客の悩みを表す画像を探す

それでは、『テマヒマセラム』を題材にして、顧客の悩みを表す画像を探していきます。ターゲットの悩みは、「老けた印象になってきている」「今までのスキンケアでは満足できなくなっている」です。そのため、ストックフォトサービスで「女性　悩み」「女性　老け顔」「女性　スキンケア　悩み」などのキーワードで検索します。するとたくさんの画像が出てくるので、そこからターゲットの女性の年代に近い、悩んでいる様子の画像を選びました。

悩んでいるけど、
肌の悩みかどうかがわからないので不採用

肌に悩んでいるけど、
ターゲット年齢より若く見えるため不採用

肌に悩んでいる様子で
ターゲット年齢にも合っている印象なので採用

todo3. 商品を表す画像を探す

売れるランディングページのメインビジュアルを探す3つ目のタスクは、商品を表す画像を探すことです。これは、何が手に入るのかをビジュアルで見せることによって、見込み客に自分がどのような方法で課題を解決できるのかを伝える効果があります。スキンケアなら商品の容器、食事制限によるダイエットならダイエット食、ジムで鍛えるダイエットならジムの様子やトレーナー、英会話なら受講している様子やテキストブックなどが、商品を表す画像になります。

スキンケア用品の商品画像
実際の商品を撮影した画像を使用します

ジムの商品画像
実際のジムを撮影した画像を使用します

英会話スクールの商品画像
実際の講師や教室を撮影した画像を使用します

case3. 商品を表す画像を探す

それでは、『テマヒマセラム』を題材にして、商品を表す画像を探していきます。商品の画像は、実際の商品を撮影して用意します。美容液のような物撮りの場合は、①切り抜き、②背景シーン、③使用シーンの3つの撮り方があります。①切り抜きは、背景のない商品だけの画像です。ファーストビューの背景に、商品画像を引き立てる別のデザインがあるような場合に使います。②背景シーンは、メインビジュアルの背景を撮影時の背景で表現する場合に使います。③使用シーンは、商品だけでなく、その商品を使っている様子を含めたビジュアルにする場合に使います。

構成案を作る

ファーストビューエリアの再設計の3つ目のアクションは、構成案を作ることです。action2までに用意したキャッチコピーやビジュアルを組み合わせて、見込み客の興味を引きつけるファーストビューの構成案を作ります。

ファーストビューの構成案を作るための3つのタスク

一般的に、ランディングページはデザイナーに発注し、制作してもらうことになります。そのためには、ここまでに用意した材料を組み合わせて構成案を作り、どのようなデザインを作ってほしいのかを伝える必要があります。

ファーストビューの構成案を作るには、3つのタスクがあります。①メインビジュアルを配置する、②キャッチコピーを配置する、③アイキャッチ要素を配置する、の3つです。見込み客の注意を引くために、メインビジュアルとキャッチコピーを大きく見せるようにします。キャッチコピ－は、「見込み客の共感を得るためのコピー」→「ベネフィットを伝えるコピー」の順に、画面の上から下に向かって配置します。最後に、「特徴・実績を伝えるコピー」を使ってアイキャッチ要素を作成します。アイキャッチ要素とは、人の目線を引きつけるための情報のことです。キャッチコピーのような文章ではなく、単語の組み合わせによってポイントのみを伝えることが主となります。

◎ファーストビューの構成案を作るための3つのタスク

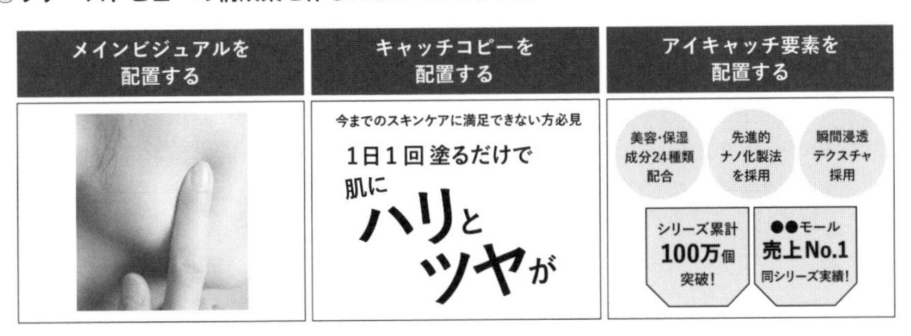

todo1. メインビジュアルを配置する

売れるランディングページのファーストビューの構成案を作る1つ目のタスクは、メインビジュアルを配置することです。画像は、文字の約7倍の情報量を伝えられると言われています。そのため、様子見でランディングページに訪れた見込み客の注意を引くために、ビジュアルを優先して構成案を作ります。

メインビジュアルは、スマートフォンで見られることを想定し、縦長のビジュアルにします。企業向けの商品やサービスの場合はパソコンで見られることも多いですが、スマートフォンで見た時に見づらいと、その時点でランディングページから出て行かれてしまいます。そのため、スマートフォン優先で考えてください。スマートフォンの画面は小さいので、できるだけ大きくビジュアルを見せることのできる配置にします。また、もっとも見せたい部分が画像の上部から中央の範囲に収まるように位置を調整します。画像の中央から下部にかけては、コピーやアイキャッチ要素が並ぶことになるからです。

1番見せたい部分が
ファーストビューエリアの
上部から中央に収まるように
配置する

ビジュアルの
インパクトが小さい

ビジュアルの
インパクトが大きい

case1. メインビジュアルを配置する

それでは、『テマヒマセラム』を題材にして、ファーストビューの構成案にメインビジュアルを配置していきます。今回は肌を見せた画像を採用することで、肌のハリ・ツヤが出ることを強く訴求することにします。メインのパターンでは、ハリ・ツヤのある肌の状態を伝えるために、肌にフォーカスした画像を使いました。サブのパターンとして、肌を見せた画像で、かつ表情の伝わる画像を採用しました。うっとりとした表情で肌の状態を喜んでいる画像によって、利用後の感情的ベネフィットを印象づける狙いです。また別方向の案として、商品の使用感を推したパターンを作成しました。プッシュタイプのノズルは珍しいので、この商品特徴に興味を持つ人がいるかもしれないという仮説に基づき用意しました。このように、まったく違うパターンで複数のメインビジュアルを作っておくことで、今後の検証などに活用することができます。

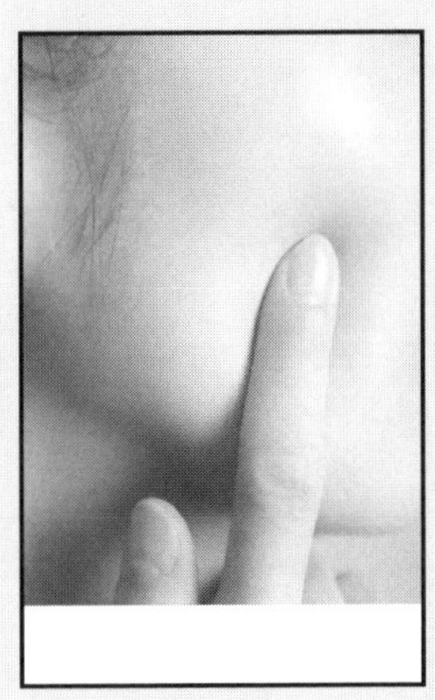

ハリ・ツヤ推し

満足感推し

商品の使用感推し

todo2. キャッチコピーを配置する

売れるランディングページのファーストビューの構成案を作る2つ目のタスクは、キャッチコピーを配置することです。ここでは、「共感を得るためのコピー」と「ベネフィットを伝えるコピー」を使います。

最初に、「共感を得るためのコピー」を、ファーストビューの上部に配置します。人の目線は上から下にZ型に流れるので、最初に「誰のためのページなのか？」を伝える必要があるからです。次に、自分ごと化された見込み客に対して「何が手に入るのか？」を訴求するために、「ベネフィットを伝えるコピー」を配置します。「ベネフィットを伝えるコピー」はファーストビューの中でもっとも大きく目立つ文字を使います。「ベネフィットを伝えるコピー」が長くなる場合は、メインコピーとサブコピーという形に分けて表現すると、バランスがよくなります。

キャッチコピーの配置

共感を得るためのコピー

ベネフィットを伝えるコピー

画像

サブコピー

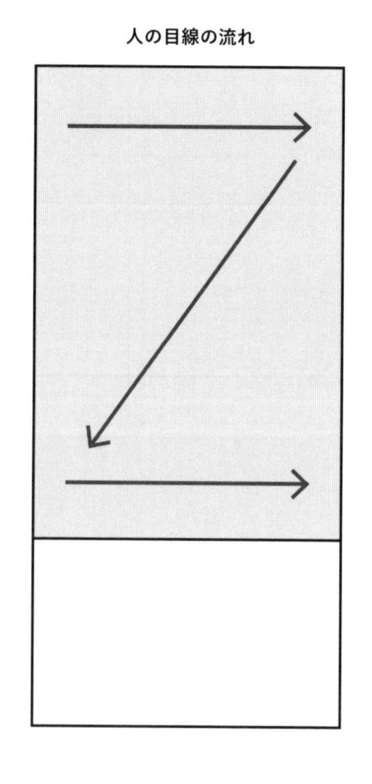

case2. キャッチコピーを配置する

それでは、『テマヒマセラム』を題材にして、ファーストビューの構成案にキャッチコピーを配置していきます。最初に、「共感を得るためのコピー」として、見込み客の課題を端的に表す「今までのスキンケアに満足できない方必見」を選び、ファーストビューの上部に1行で収まるように配置しました。次に、「肌のハリをメインの訴求に変更」というLP改善の課題に合わせ（P.81）、「ベネフィットを伝えるコピー」から「ハリ・ツヤ」に関する「1日1回塗るだけで、肌にハリとツヤが」を選び、大きな文字で目立つ位置に配置しました。

キャッチコピーは、メインビジュアルの重要な部分を邪魔しない位置に、できるだけ大きく配置します。それにより、ぱっと見でベネフィットが伝わり、見込み客の興味を引きつけることができます。物販の場合は商品画像もあわせて配置することで、キャッチコピーからの流れで商品自体に興味を持ってもらうための導線を作ることができます。

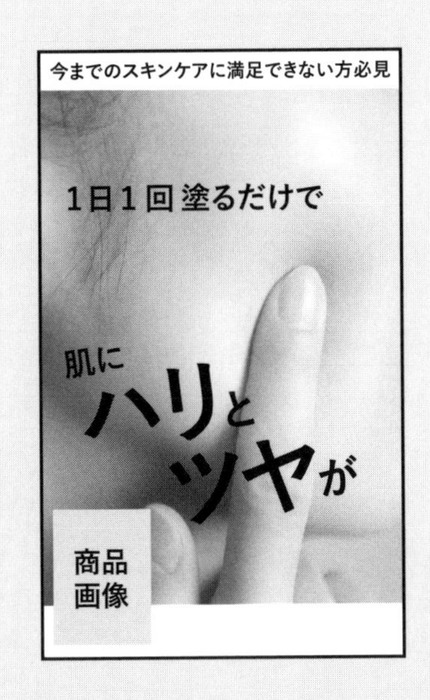

todo3. アイキャッチ要素を配置する

売れるランディングページのファーストビューの構成案を作る3つ目のタスクは、アイキャッチ要素を配置することです。ファーストビューでは、「商品特徴・実績評価を伝えるコピー」を使って、商品の特徴や実績評価など、見込み客の信用につながる情報をアイキャッチとして使用します。これにより、ファーストビューのデザインに賑わいが出て、見ている側のテンションが上がり、読みたくなるランディングページになります。

アイキャッチ要素は、最初に商品の特徴を3つピックアップし、丸や四角などで囲ってファーストビューの下部に配置します。実績評価は、バッジ形やエンブレム形のデザインで表彰されているイメージを作り、空いているスペースに収まるように配置します。

アイキャッチ要素の配置

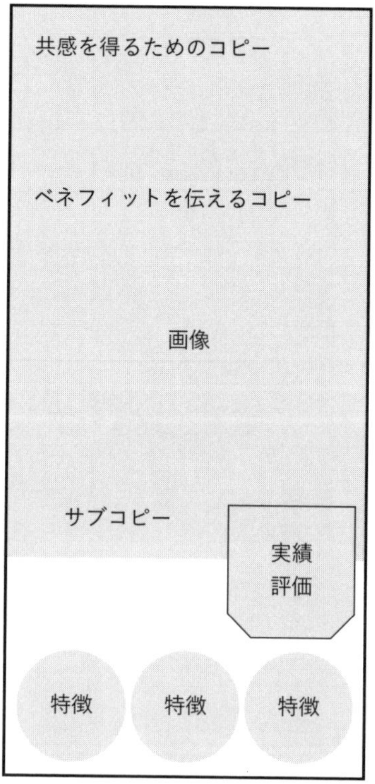

共感を得るためのコピー

ベネフィットを伝えるコピー

画像

サブコピー

実績
評価

特徴　特徴　特徴

case3. アイキャッチ要素を配置する

それでは、『テマヒマセラム』を題材にして、ファーストビューの構成案にアイキャッチ要素を配置していきます。「商品特徴・実績評価を伝えるコピー」として選んだ「先進的ナノ化製法を採用」「美容・保湿成分24種類配合」「瞬間浸透テクスチャ採用」という商品の特徴3つと、「シリーズ累計100万個突破」「テマヒマシリーズ売上No.1」という実績評価2つを配置していきます。

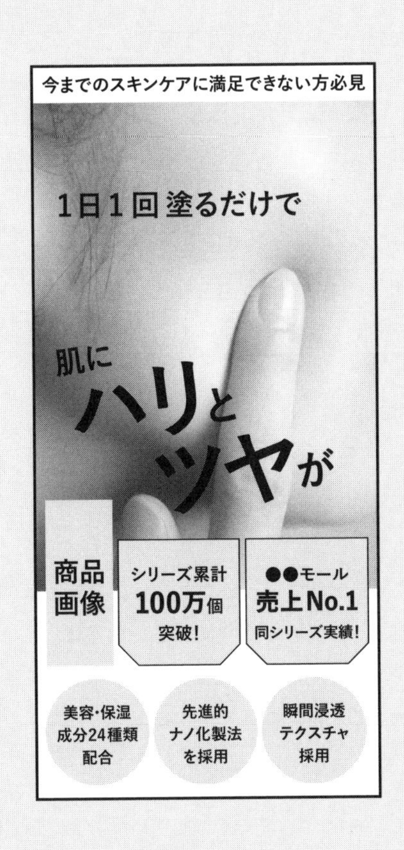

column　魅力的なファーストビューを作るためのエクササイズ

LP改善に取り組み慣れていないと、どんなファーストビューがよいものなのかわからないと思います。そのため、売れるLP改善のスキルアップのためのエクササイズを紹介します。

① 「LP集」というキーワードでweb検索をします。
② ランディングページを集めたサイトが出てくるので開きます。
③ 掲載されているランディングページのファーストビューを、ランディングページのサイズに合わせてスクリーンショットとして保存します（手当たり次第、20〜30本くらい保存してください）。
④ スマホでそのスクリーンショット画像を見て、よいと感じるものとよくないと感じるものの違いを書き出します。
⑤ この作業を5回繰り返します（計100〜150本分）。

すると、よいファーストビューとよくないファーストビューの違いがわかるようになります。このエクササイズによって集めたランディングページのファーストビューは、ファーストビューの構成案を作る時の参考にもなります。

また、より高いスキルを身につけるためには、最新の情報をキャッチアップするようにしてください。訴求方法やデザインなどは、常にアップデートされています。今どんなファーストビューが効果的なのかを知るために、出回っている最新のランディングページを参考にするようにしてください。

7章

LP改善チャレンジSTEP⑤ オファーエリアの再設計

STEP⑤オファーエリアの再設計

売れるLP改善のステップ5つ目は、オファーエリアの再設計です。購入の条件を伝えるオファーエリアで見込み客に購入を決めてもらうための、情報の設計方法について紹介します。

オファーエリアの役割

オファーとは、売り手から買い手へ提案する、割引・特典・保証などの取引条件のことです。どの商品をいくらで買えるのか、どのような買い方でどれくらい買えるのか、商品代金以外に送料などの費用がかかるのか、どのような決済方法が使えるのか、どのような届け方を選べるのかといった情報を配置します。

多くの人が、本当に効果があるのか、自分にも使えるのか、不良品が届かないか、ちゃんと届くのかなど、商品を買う時にさまざまな不安を感じます。そこで、「価値への期待＞支払うコスト」という状態を作り、スムーズに購入してもらうために、顧客が感じる金銭的・労力的・精神的な負担を軽くしてあげる必要があります。こうした不安を軽減する情報を伝えることで、買うかどうか迷っている見込み客の購入を後押しすることが、オファーエリアの役割です。

◎オファーエリアの役割

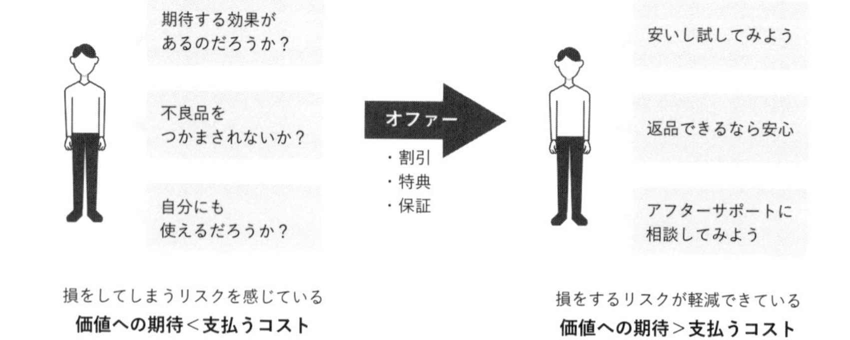

オファーエリアを作る2つのアクション

オファーエリアは、①オファーを決める、②オファーエリアを構成する、の2つのアクションによって作ります。最初に、①見込み客が「今すぐ買わないと損だ」と感じるオファーを考えます。次に、②それを伝えるための情報を整理して、見せ方を考えます。

オファーエリアの構成要素となるのは、①見出し、②商品画像、③商品情報、④オファー内容と適用条件、⑤CTAの5つです。①見出しによってオファーエリアに注意を向けてもらい、②③によってどのような商品が、④によってどのようなオファーで売られているのかを伝えます。オファー内容には、通常の価格の他、「割引・特典・保証」の提案が含まれます。これらの情報によって失敗のリスクが小さくなるため、購入の強い後押しになります。⑤CTAは「Call to Action」の略で、行動喚起を表すものです。通常は購入や申込へと進むボタンに書かれているコピーのことを指します。購入条件に納得した見込み客を申込へと導く最後の後押しになるのが、CTAです。

◎オファーを作る2つのアクション

オファーを決める	オファーエリアを構成する
・割引 ・特典 ・保証 ・適用条件	・見出し ・商品画像 ・商品情報 ・オファーと適用条件 ・CTA

action1

オファーを決める

オファーエリアの再設計の1つ目のアクションは、オファーを決めることです。見込み客の感じる価値と比べて感じる負担を小さくするための、「割引・特典・保証」と「適用条件」の決め方について紹介していきます。

オファーを決める5つのタスク

オファーを決めるためには、①競合のオファーを調べる、②割引を決める、③特典を決める、④保証を決める、⑤適用条件を決めるの5つのタスクがあります。売れるランディングページのオファーには、比較検討される競合商品よりも強いオファーが必要です。そのため、①競合が今どのようなオファーを見込み客に提案しているのかを調べます。自社のオファーよりもよい提案をしている場合は、それよりも条件をよくできないか、少なくとも同じレベルに合わせられないかを検討します。そして、具体的な②割引率、③特典の有無、④保証の有無を決めて、最後にそれらの⑤適用条件を決めます。適用条件がなければオファーの特別感がなくなり、通常の売り方だと思われてしまいます。そうなれば、お得感が出ずに、顧客の購入の後押しとしては弱くなってしまいます。

◎オファーを決める5つのタスク

1. 競合のオファーを調べる

競合 LP の通常価格、割引価格、特典、保証、適用条件を調べる。

2. 割引を決める

通常価格からいくら安く買えるようにするのかを決める。

3. 特典を決める

販売商品以外に手に入るモノやサービスを決める。

4. 保証を決める

返金や返品への対応、購入後のサポートなどを決める。

5. 適用条件を決める

何をすれば特別な提案を受け取れるのかを決める。

todo1. 競合のオファーを調べる

売れるランディングページのオファーを決めるための1つ目のタスクは、競合のオファーを調べることです。P.61で作成した競合リサーチシートを参照し、競合商品のオファーを確認します。具体的には、手に入る商品とその数量や分量、期間、通常価格、送料、手続きにかかる費用、割引率、特典、返品や返金などの保証、サポートなどの情報と、それらの適用条件を調べます。

商品名	競合A	競合B	競合C
通常価格			
オファー			

●case1. 競合のオファーを調べる

それでは、『テマヒマセラム』を題材にして、競合のオファーを調べます。通常価格が安いのは、『ぷるぷるセラム』と『ピュアエッセンスホワイト』です。送料や決済手数料は、どの商品も同じ条件になっています。オファーの中でもっともお得なのは『ピュアエッセンスホワイト』の定期購入で、初回980円、2回目以降は3,480円です。しかし、4回目以降しか解約ができない条件があるため、3回分の7,940円は必ず支払う必要があります。一度試してからリピート購入するかどうかを決めたい人にとっては、『ぷるぷるセラム』の初回お試し価格1,980円がもっとも魅力的なオファーになります。

商品名	ぷるぷるセラム	潤美容	ピュアエッセンスホワイト
通常価格	・4,800円（税込） ・送料500円（税込） ・後払い決済手数料200円（税込） ・クレカ決済手数料無料	・6,800円（税込） ・送料500円（税込） ・代引き手数料500円（税込） ・後払い決済手数料200円（税込） ・クレカ決済手数料無料	・4,800円（税込） ・送料500円（税込） ・後払い決済手数料200円（税込） ・クレカ決済手数料無料
オファー	・初回お試し価格1,980円（税込）＜約58%OFF＞	・4,980円（税込）＜約27% OFF＞ ・送料無料 ・決済手数料無料 ・初回購入分は返金保証つき ・定期購入への申し込みが必要	・初回980円（税込）＜約80% OFF＞ ・2回目以降は3,480円（税込）＜約28% OFF＞ ・送料無料 ・決済手数料無料 ・定期購入への申し込みが必要 ・3回の受け取りをする必要あり（解約は4回目以降）

todo2. 割引を決める

売れるランディングページのオファーを決めるための2つ目のタスクは、割引を決めることです。まずは、競合の割引後の金額を確認します。そして、自社商品の割引後の価格と競合商品の割引後の価格を比較して、競合商品の方が割引後の金額が小さいなら、それよりも安い金額にできないかを検討します。これは利益率に関わる変更のため、適正な利益を出せるような調整を行ってください。

case2. 割引を決める

それでは、『テマヒマセラム』を題材にして、割引を決めていきましょう。現在の通常の提案は「5,480円（税込）」「送料500円（税込）」です。現在のオファーとしては、3本セットで買うと「10,960円（税込）」「送料無料」になります。セットで買うと、1本あたり約3,653円という計算になります。これでは、初回お試し1,980円や初回980円で買える競合と比べて、お得感を出せません。

そこで、定期購入のオファーを新しく作り、初回の金額を980円、2回目以降は3,980円という価格に設定しました。定期購入は、解約するまで毎月自動的に注文される買い方のため、継続購入してくれる人が増えるというメリットがあります。3回購入してもらえた場合、売上合計は9,940円になります。3本セットで買ってもらう場合よりも売上は落ちますが、購入のハードルが下がる分、顧客と売上の増加が見込めます。

	割引
競合	・通常4,800円（税込）→初回お試し価格1,980円（税込）＜約58%OFF＞ ・通常4,800円（税込）→初回980円（税込）＜約80% OFF＞ 2回目以降は3,480円（税込）＜約28% OFF＞
自社	・3本セットで買うと10,960円（税込）＜約33% OFF＞
改善案	・初回金額980円＜約82%OFF＞ ・2回目以降は3,980円＜約27%OFF＞

todo3. 特典を決める

売れるランディングページのオファーを決めるための3つ目のタスクは、特典を決めることです。まずは、競合商品の特典を確認します。そして、自社で提供できていない特典があるなら、それを自社でも提供できないかを検討します。特典には、「送料無料」など通常であれば必要になる費用がかからなくなるものや、別の商品のプレゼント、冊子やクーポンの送付などがあります。

case3. 特典を決める

それでは、『テマヒマセラム』を題材にして、特典を決めていきましょう。現在、『テマヒマセラム』には特典がありません。競合商品を見てみると、『潤美容』と『ピュアエッセンスホワイト』には、定期購入の場合に「送料無料」「決済手数料無料」の提案があります。

そのため『テマヒマセラム』でも、定期購入の場合に「送料無料」「決済手数料無料」の特典を提案することにしました。その他、これまで商品に同梱していた「自宅でカンタン！美容マッサージBOOK」の小冊子を、定期購入のみの特典としてランディングページで紹介することにしました。

	特典
競合	・送料無料 ・決済手数料無料
自社	なし
改善案	・送料無料 ・決済手数料無料 ・「自宅でカンタン！美容マッサージBOOK」プレゼント

todo4. 保証を決める

売れるランディングページのオファーを決めるための4つ目のタスクは、保証を決めることです。まずは、競合商品の保証を確認します。そして、自社で提供できていない保証があるなら、それを自社でも提供できないかを検討します。保証には、交換、返品、返金、アフターサポートなどがあります。中でも、返金保証は強力なオファーになるので、ぜひ取り入れるようにしてください。多くの返金依頼が来ることを心配するかもしれませんが、実際に返金を依頼してくる人は数%程度です。もし、何十%もの人が返金を要求してくるようなら商品自体に問題があるということなので、商品の見直しをおすすめします。

case4. 保証を決める

それでは、『テマヒマセラム』を題材にして、保証を決めていきましょう。現在、『テマヒマセラム』には保証がありません。競合商品を見てみると、『潤美容』が「初回購入分の返金保証」を提案していました。実施するかどうか悩んだものの、初回購入分の代金であれば金額は980円のため、そこまで大きなお金のやり取りにはならないと考え、採用することにしました。さらに、特別な提案として「お客様専用サポート窓口」をランディングページで紹介することにしました。

	保証
競合	・初回購入分の返金保証
自社	なし
改善案	・初回購入分の返金保証 ・「お客様専用サポート窓口」の提供

todo5. 適用条件を決める

売れるランディングページのオファーを決めるための5つ目のタスクは、適用条件を決めることです。最初に、競合商品のオファーの適用条件を確認します。顧客がお得な提案を受け取るために、どのような条件を飲む必要があるのかを確認して、それよりも緩い条件でオファーを出せないか検討します。適用条件には、長期の契約期間、最低購入回数、面倒な手続き、購入できる個数の制限などがあります。これらの条件が顧客の負担を大きくするものであればあるほど、買ってもらいにくいオファーになります。

case5. 適用条件を決める

それでは、『テマヒマセラム』を題材にして、適用条件を決めていきましょう。今回、定期購入のオファーを実施することにしたため、まずは「定期購入をする」という適用条件が必要になります。競合商品を見てみると、『ピュアエッセンスホワイト』は初回購入金額も、2回目以降の金額も、他の商品と比べてお得な提案をしています。一方、『ピュアエッセンスホワイト』には、「最低3回は継続購入が必要」という適用条件があります。この場合、顧客が支払うのは初回980円+2回目3,480円+3回目3,480円の合計7,940円になります。これでは、1回試して期待外れだったとしても、3回分買わなければいけなくなります。これは、見込み客にとって購入のハードルとなります。そのため、定期購入の購入回数の取り決めをせず、2回目を購入しなくても定期購入を解約できるようにしました。

	適用条件
競合	・最低3回は継続購入が必要
自社	未設定
改善案	・購入回数の縛りなし

action2

オファーエリアを構成する

オファーエリアの再設計の2つ目のアクションは、オファーエリアを構成することです。オファーを魅力的に伝えるために必要な、情報の配置方法について紹介します。

オファーエリアを構成するための5つのタスク

オファーエリアは、①見出し、②商品画像、③商品情報、④オファー内容と適用条件、⑤CTAの5つの要素で構成されます。CTAとは行動喚起のことで、申込ボタンなどに書かれているコピーを表します。

オファーエリアでは、最初にキャンペーン名やお得な条件があることなどを①見出しで伝え、見込み客の注目を集めます。次に、②商品画像と③商品情報によって、あらためて何を手に入れられるのかを知ってもらいます。その上で、④割引金額や特典などのオファー内容を訴求することで、どれだけお得に買えるのかを知ってもらいます。また、どのような条件を満たすことでそれを受け取れるのかを確認してもらいます。最終的に、⑤CTAによって後押しを行い、購入してもらいます。注目→理解→行動の流れになるように、①〜⑤の要素は上から順に配置していきます。

◎オファーエリアを構成するための5つの要素

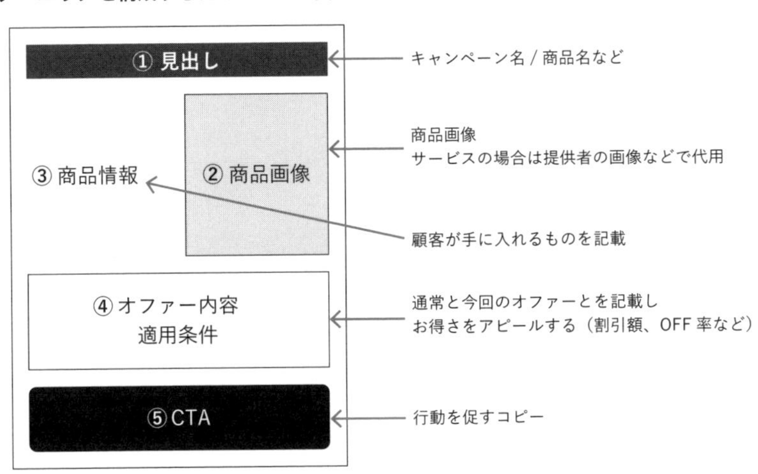

todo1. 見出しを配置する

売れるランディングページのオファーエリアの構成を作るための1つ目のタスクは、見出しを配置することです。大きな文字や目立つフォントで見出しを作ることで、流し見をしている見込み客の注意を引き、オファーエリアの情報を受け取ってもらえるようにします。

オファーエリアの見出しの内容は、お得な提案をしていることの告知になります。例えば「●●キャンペーン実施中」「はじめてのお客様限定」「今なら●%OFFでGETのチャンス」のように、好奇心を煽るようなコピーを使うと効果的です。他社の出しているセールの案内やイベント告知の文言を参考に、キャッチーな見出しを作ってください。

case1. 見出しを配置する

それでは、『テマヒマセラム』を題材にして、見出しを配置していきましょう。初回分を980円で買えることは魅力的な提案のため、キャンペーン名を「はじめてのお客様限定　定期初回980円キャンペーン」と割引後の価格を押し出した名前にしました。文章が長いので、「はじめてのお客様限定」「定期初回980円キャンペーン」を2段に分けて、できるだけ大きな文字で表現するようにします。ランディングページを見に来ている見込み客のほとんどが、その商品を買ったことのない人です。そのため、「はじめての方限定」としつつも、そのランディングページに来ている人のほぼ全員が対象となります。

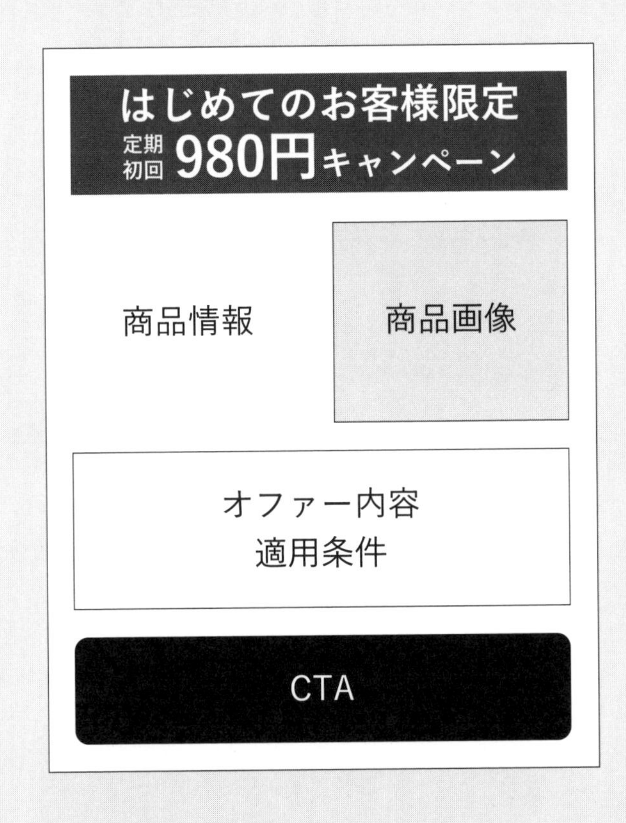

todo2. 商品画像を配置する

売れるランディングページのオファーエリアの構成を作るための2つ目のタスクは、商品画像を配置することです。何が手に入るのかを具体的に示さなければ、見込み客は買おうとはしてくれません。特にネットで販売する商品の場合、本当にランディングページで紹介されているものが届くのかという疑いや、勘違いして買ってしまわないかという不安が生じます。そのため、申し込みへの導線となるオファーエリアでは、実際に手元に届く商品の画像を見せる必要があります。また、販売するものがwebサービスの場合は、利用画面などを見せることで手に入るものをイメージしてもらうことができます。エステなどのサービスを提供する商品の場合は、受けられるサービスやそのサービスの実行者の写真を使うことで、見込み客が何を手に入れるのかを具体的にイメージできるようにします。

case2. 商品画像を配置する

それでは、『テマヒマセラム』を題材にして、商品画像を配置していきましょう。お届けする商品がどのようなものかがわかる画像を用意します。具体的には、商品の容器やパッケージの単体画像を使います。オファーエリアの主役は、割引や特典などのお得な提案です。そのため、余計な要素を入れて注目を分散させてしまうことを避けなければいけません。そのため、背景があるもの、本体がよく見えないものは、オファーエリアで使う画像としては不適切です。

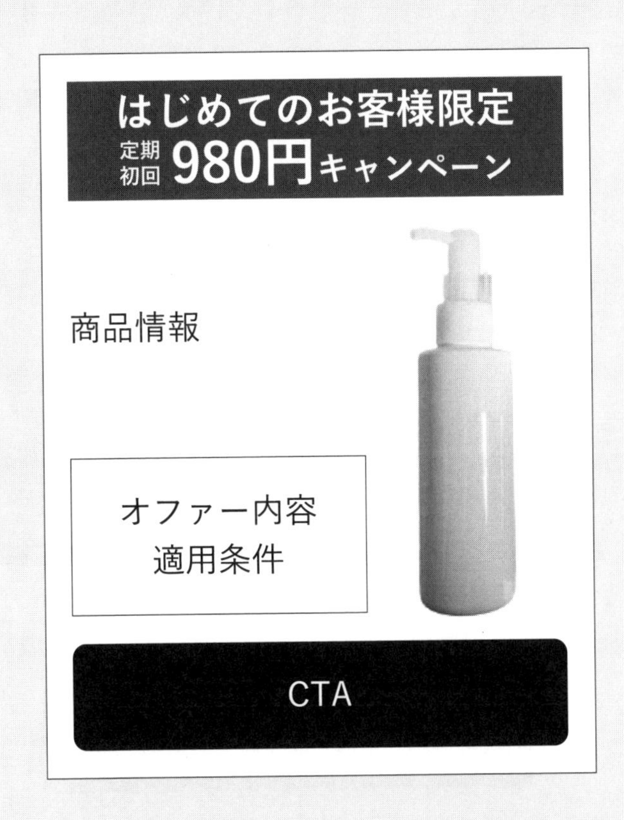

todo3. 商品情報を配置する

売れるランディングページのオファーエリアの構成を作るための3つ目のタスクは、商品情報を配置することです。商品画像と同様、何が手に入るのかを文章でしっかりと伝えます。具体的には、商品名、機能、特徴、仕様、サポート、オプション、数量、使用期間などの情報です。扱いとしては、他の要素よりも小さくてかまいません。主役は、あくまでもオファーの内容だからです。どのような商品かはオファーエリアまでにある程度把握されているので、購入直前の念のための確認ができれば問題ありません。

case3. 商品情報を配置する

それでは、『テマヒマセラム』を題材にして、商品情報を配置していきましょう。必要な情報は、商品名「テマヒマセラム」、特徴「コラーゲン・ヒアルロン酸配合」「セラミド・アミノ酸配合」「保湿成分20種類配合」「無添加処方」「ナノ化製法採用」「1本 120mL(約1ヶ月分)」などになります。

todo4. オファー内容と適用条件を配置する

売れるランディングページのオファーエリアの構成を作るための4つ目のタスクは、オファー内容と適用条件を配置することです。これが、オファーエリアの構成の肝となります。通常のオファーと特別なオファーを並べて見せることで、このページから買えばお得に買えるということを訴求します。特に、実際の購入価格はオファーエリアの中でもっとも大きな文字で表現します。それによって注目を集め、お得感を感じてもらいやすくなります。さらに、割引率や割引額をアイキャッチに使うことでお得感を上乗せして、購入や申込へと導きます。最後に、特別なオファーの適用条件を書くことで、その特別なオファーを利用できる理由を見込み客に伝えます。特別な提案は理由がなければ信じてもらえないので、適用条件をしっかりと伝えることが大切です。

case4. オファー内容と適用条件を配置する

それでは、『テマヒマセラム』を題材にして、オファー内容と適用条件を配置していきましょう。ここでは、通常のオファーが「5,480円（税込）」「送料500円」、特別なオファーが「定期初回980円（税込）」「2回め以降3,980円（税込）」「送料無料」「初回購入代金の返金保証」です。もっともお得感を伝えられる、初回購入金額をもっとも大きく表示させます。その上部にもとの価格を配置して、どれくらいお得になっているのかを比較しやすくします。あとは、送料や返金保証の内容をアイキャッチ的に配置して、初回金額の近くに2回目以降の金額と適用条件を配置すれば完了です。

todo5. CTAを配置する

売れるランディングページのオファーエリアの構成を作るための5つ目のタスクは、CTAを配置することです。CTAは、見込み客に行動を促すためのメッセージです。ランディングページにおいては、購入や申込ボタンに書かれたコピーがCTAに該当します。CTAはできるだけ短く、見込み客の行動を促す言葉にします。例えば「申込ページへ移動する」「お得に手に入れる」「特別価格で申し込む」などです。注意点としては、見込み客が主語になる言葉にすること、支払いをイメージさせない言葉にすることです。例えば「申込ページはこちら」だと、場所を説明しているだけなので、行動を促すメッセージにはなりません。また「購入する」「注文する」は支払いをイメージさせるので、避けた方がよい言葉と言えます。

case5. CTAを配置する

それでは、『テマヒマセラム』を題材にして、CTAを配置していきましょう。今回は大幅な初回割引を提案しているため、それを踏まえて「お得に手に入れる」をCTAにしました。

column　オファーとは単なる割引のことではない

オファーとは、見込み客への提案です。何を、どんな条件で取引するのかを表します。見込み客が商品を買うかどうかは、その商品を手に入れるために受け入れる負担の大小で決まるので、見込み客がより有利になる条件を提案できれば買ってくれます。

割引をすれば金銭的な負担は軽くなるので、買ってもらいやすくなります。そのため、基本的には割引が効果的なオファーとなり、オファー＝割引のように受け取られがちです。しかし、見込み客の負担は金銭的な負担だけではありません。見込み客は「うまく使えないかもしれない」「自分には効果がないかもしれない」「効果を発揮するまでに時間がかかるかもしれない」など、その商品を買っても本来の価値を手に入れられないかもしれないという不安を持っています。

そのため、使いこなせなければ使えるようにサポートをしたり、効果を感じられなければ返品を受け付けたり、より高い効果を、より早く手に入れるためのオプションを提供したりすることで、見込み客の感じる負担を軽くすることが大切です。人は、手間をかけず、早く、お得に解決したいと思っています。そのわがままを叶えられるオファーが、よいオファーだと言えます。

さらによいオファーがあります。それは、顧客の理想を叶えたあとに生まれる課題への対策が用意されているオファーです。例えば、ダイエット商品に顧客が求めているのは減量です。ですが、体重を減らす過程で栄養が偏ってしまうなど、別の問題が発生することがあります。こうした問題への解決策として、ダイエットで不足しがちな栄養を補給できるサプリをセットにしたり、トレーニングによる筋肉痛を和らげるためのアイテムを特典につけたりします。ダイエットに成功したあと、今着ている服が着られなくなるので、新しい服を安く買えるディスカウントチケットをプレゼントすることもできます。それらのオファーによって、顧客の感じる価値は高まり、その商品を買うことでダイエットに対する不安が小さくなり、商品を買ってくれやすくなります。

8章

LP改善チャレンジSTEP ⑥
コンテンツエリアの再設計

STEP⑥コンテンツエリアの再設計

売れるLP改善のステップ6つ目は、コンテンツエリアの再設計です。ちょっと様子見の見込み客の商品への興味を引き出し、納得し、信用してもらってから購入へと進むための情報設計についてご紹介します。

コンテンツエリアの役割

コンテンツエリアとは、ファーストビューエリアとオファーエリアに挟まれた、ランディングページ本編のエリアのことです。コンテンツエリアでは、ファーストビューで興味を持って、ランディングページを読み進めてくれている見込み客に対して、購入を検討するのに十分な証拠を提供する必要があります。

コンテンツエリアを構成するブロックパーツは、「悩みへの共感」「問題の提起」「原因の特定」「解決策の提示」による興味づけコンテンツ、「ベネフィット」による価値訴求コンテンツ、「実績評価」「商品の特徴」「申込の流れ」「使い方」「Q&A」による証拠コンテンツの、3種類のコンテンツに分類されます。コンテンツエリアは、ランディングページの中でもっともスペースを割くエリアとなります。

コンテンツエリアではこれらのブロックによって、問題を示すことで共感してもらい、原因や解決策、ベネフィットを示すことで商品への興味づけを行います。そして、なぜそれが実現できるのかの根拠となる商品特徴や実績評価を示すことで、信じてよい理由を提供します。

◎コンテンツの役割

肌がぷるぷるになりますよ！

え！ほんとに？

でも、似たような商品を試してダメだったしな…

新発見の成分を独自配合しています！

そうなの?!
それは期待できるかも…

売れるランディングページのコンテンツエリアを作る3つのアクション

売れるランディングページのコンテンツエリアは、①興味づけコンテンツを構成する、②価値訴求コンテンツを構成する、③証拠コンテンツを構成する、の3つのアクションで作ります。最初に、①様子見の見込み客に対して商品への興味づけを行うために、見込み客の抱える問題・その問題の原因・解決策などのコンテンツを配置します。次に、②商品が提供する価値を伝えるためのコンテンツとして、その商品のベネフィットを示します。そして、③商品に納得して、商品や売り手を信用をしてもらうコンテンツとして、商品特徴・実績評価・申込方法や使い方といったその他の情報を配置します。

①興味づけコンテンツと②価値訴求コンテンツは、見た目のインパクトが出るようにキャッチコピーとビジュアルを配置して構成します。③証拠コンテンツは、理解を促し納得を引き出すため、見出し・画像・説明文で構成します。このようにすることで、見出しと画像で注意を引き、説明文で情報をしっかりと伝えることができます。証拠コンテンツでは詳しい内容を伝える必要があるため、テキスト要素が多くなりがちです。しかし、興味を持った人が詳しく知ろうとして読むものなので、多少長い文章になっても問題ありません。

コンテンツエリアでは、5章で検討した、売れるランディングページのシナリオに合わせて、各コンテンツパーツを配置していきます。また、3章の実践的リサーチで集めた情報をもとに、見出し・ビジュアル・説明文の要素を用意し、キャッチーかつ読みやすいコンテンツにしていきます。

◎コンテンツエリアを作る3つのアクション

興味づけコンテンツを構成する	価値訴求コンテンツを構成する	証拠コンテンツを構成する
・抱える問題 ・問題の原因 ・解決策	・ベネフィット	・商品特徴 ・実績評価 ・申込方法 ・使い方 など
コピー	コピー	見出し
ビジュアル	ビジュアル	画像
		説明文

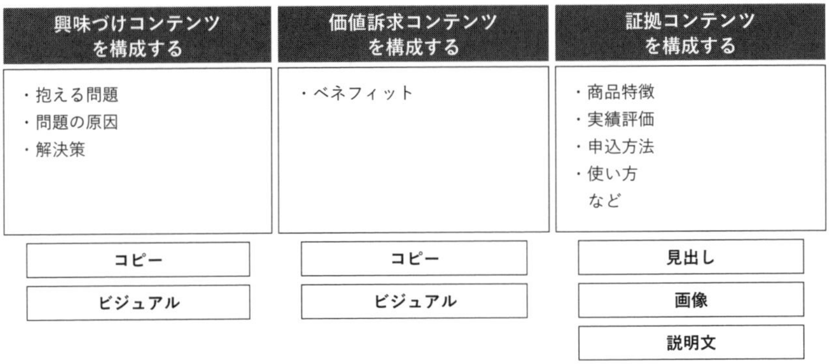

action1

興味づけコンテンツを構成する

コンテンツエリアの再設計の1つ目のアクションは、興味づけコンテンツを構成することです。様子見の見込み客に、商品への興味づけを行うためのコンテンツの作り方について紹介していきます。

興味づけコンテンツを構成する4つのタスク

コンテンツエリアに到達した多くの見込み客は、いまだ様子見の状態です。まだ商品について強い関心を持ってるわけではありません。そのような状態の見込み客に商品の情報をいきなり伝えても、積極的に受け取ってはくれないでしょう。そこで、見込み客が共感できること、見込み客が知りたいことを伝えて、ランディングページに書かれている情報に対して興味を持ってもらう必要があります。そのために必要になるのが、興味づけコンテンツです。

興味づけコンテンツを構成するには、①共感・原因・解決策を整理する、②コピーを作る、③ビジュアルを用意する、④コンテンツを配置するの4つのタスクがあります。最初に、①どのような問題提起によって見込み客の共感を手に入れるのか、どのような原因と解決策から商品のベネフィットにつなげていくのかを決めます。そして、それらに合わせた②キャッチコピーと③ビジュアルを用意し、④ランディングページの構成案に配置していきます。

◎興味づけコンテンツを構成する4つのタスク

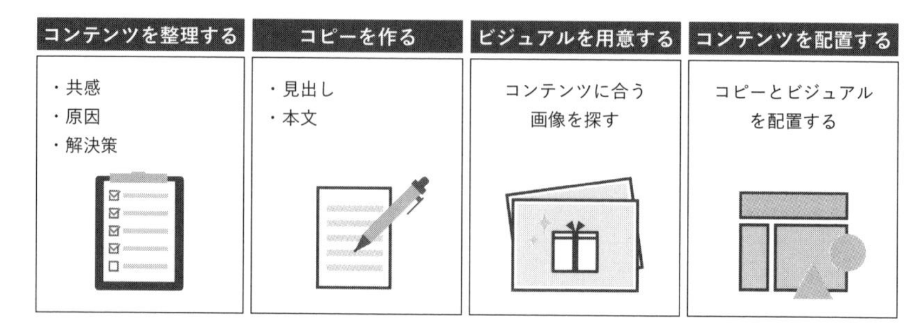

todo1. 共感・原因・解決策を整理する

興味づけコンテンツを構成する1つ目のタスクは、共感・原因・解決策を整理することです。①見込み客の共感を得るためのコンテンツ、②問題の原因を示すためのコンテンツ、③問題の解決策を示すためのコンテンツの3つを整理します。

①共感を得るためのコンテンツは、P.47の顧客リサーチで調べた課題・価値観・状態・属性からピックアップします。共感できる要素を最初に示すことで、見込み客はランディングページに興味を持ち始めます。

次に、②見込み客に起こっている問題の原因を調べます。これは、自社の持つ知見によって特定します。例えば「肌のハリがなくなっている」という問題の原因が、「加齢に伴う肌の保水力の低下」だという事実情報を集めるといったことです。問題の原因を示すためのコンテンツによって、見込み客はその解決方法を知りたいと感じ、次のコンテンツへの興味が高まります。ここで注意しなければいけないのが、ありきたりな原因を持ち出さないことです。見込み客に「そんなの知ってるよ」と思われてしまっては、そこで興味の連鎖が切れてしまい、その先のコンテンツを積極的に見てくれなくなります。そのため、見込み客の知らない「新事実」となるような原因を示さなければいけません。

最後に、③問題の解決策を示すためのコンテンツを示します。この段階では商品を直接提示するのではなく、原因への対処方法のみを提示します。これらのコンテンツによって、見込み客はランディングページに書かれている内容に興味を持ち、次の価値訴求コンテンツへと進んでいくことになります。『テマヒマセラム』を用いたcaseについては、各パートの図で紹介しているので参考にしてください。

todo2. コピーを作る

興味づけコンテンツを構成する2つ目のタスクは、コピーを作ることです。見出しとなるキャッチコピーと、内容を伝えるボディコピーを作ります。コンテンツに対する見込み客の注意を引きつけることが大切なので、①見込み客の共感を得るためのコンテンツ、②問題の原因を示すためのコンテンツ、③その解決策を示すためのコンテンツ、それぞれのキャッチコピーとボディコピーが必要になります。

①共感を得るためのコンテンツでは、「こんなことで悩んでいませんか？」という問いかけをキャッチコピーにします。人は疑問形で投げかけられると答えようとする性質があるので、最初に注意を引きつけるために疑問形を使うのが効果的です。「最近、こんな辛いことありませんか？」「これができたらいいな、と思いませんか？」といったバリエーションも考えられます。見込み客の感じている不安や、直面しているマイナスの状況、目指している理想的な姿とのギャップなどについて訴求するのがポイントです。ボディコピーでは、共感を得るための具体的なシーンを羅列します。

②原因を示すためのコンテンツでは、キャッチコピーで「それは●●が原因です」と原因を示します。ここでは、一般的に知られていない、または重要視されていないことを原因としてストレートに示すことで、見込み客の反応を引き出すことができます。ボディコピーでは、原因の説明を詳しく書きます。

③解決策を示すためのコンテンツでは、「●●によってその悩みは解決します！」といった内容のキャッチコピーを作ります。ここでは商品についてではなく、原因の対処のために必要なことをストレートに示して、見込み客の興味を解決策へと引き込んでいきます。ボディコピーでは、解決策の説明を詳しく書きます。

	共感	原因	解決策
キャッチコピー	目元のシワに悩んでいませんか？	肌のバリア機能の低下が原因です！	ナノ化した美容成分で解決します！
ボディコピー	・同世代より老けて見える ・笑顔を見せるのをためらう ・化粧のりが悪い	正しくケアができていないとバリア機能が低下し、肌トラブルが起きやすい肌になってしまいます。	ナノ化した美容成分が肌の奥まで浸透します※角質層まで

todo3. ビジュアルを用意する

興味づけコンテンツを構成する3つ目のタスクは、ビジュアルを用意することです。見込み客に対して訴求する①共感、②原因、③解決策をイメージできるビジュアルを探します。

①共感を得るコンテンツでは、見込み客が悩んでいるイメージや、問題が発生している状況を表すシーンのイメージを使います。例えば、肌の悩みに対する共感であれば、鏡を見て暗い顔をしている女性、ハリのない肌のアップ、たくさん並ぶスキンケアアイテムなどがあります。アンケート結果を表として掲載することで、多くの人の悩みを表現することもできます。

②原因を示すコンテンツでは、原因についての説明を補足できるようなイメージを使います。原因について説明するパートになるので、図や絵などを用いてわかりやすく伝える工夫をします。例えば、原因として加齢に伴い肌の水分量が低下することを訴求している場合は、そのメカニズムを証明する図を用意したりします。

③解決策を示すコンテンツでは、その解決策によって問題が解決している様子を表すビジュアルを使います。例えば、解決策として美容成分のナノ化による肌奥への浸透力を訴求する場合は、ナノ化した美容成分の粒子が水分量の低下している肌に入り込み、肌にハリが戻っているようなイメージを使う、などになります。イメージによって変化を伝えることがポイントになるので、静止画ではなく動画を使うことも効果的です。

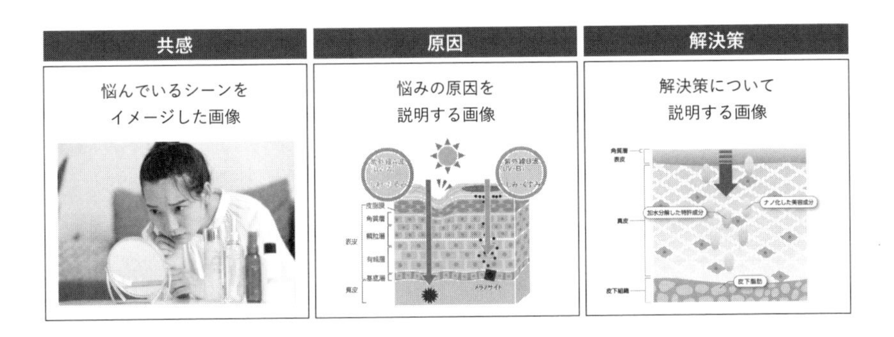

todo4. コンテンツを配置する

興味づけコンテンツを構成する4つ目のタスクは、コンテンツを配置することです。基本的には、冒頭に見出しとしてキャッチコピーを配置し、その下にビジュアルを配置、ボディコピーで空きスペースを埋める形になります。①共感を得るコンテンツは、ランディングページの序盤に位置し、見込み客の興味を引きつけるパーツとなります。そのためキャッチーさを大事にして、キャッチコピーは大きく、ビジュアルもできるだけ大きく配置します。また、見込み客が思い悩んでいる様子をイメージさせるために、吹き出しを使って本人の言葉のように見せたり、アンケート結果のコメントを散りばめたりするなど、自分ごと化してもらいやすいコンテンツを複数配置するようにします。

②原因を示すコンテンツは、原因を明確に伝えるために、キャッチコピーでほぼ埋まるくらいのインパクトを出します。原因を示すコンテンツのビジュアルは、キャッチコピーの補足として扱う程度として、メリハリを出すようにします。

③解決策を示すコンテンツは、問題が解決しているイメージを強く与えるために、ビジュアルをメインにした構成にします。視覚的に変化を伝えることができれば、次の商品のベネフィットにもスムーズに興味を持ってくれるようになります。キャッチコピーは、ビジュアルを補促する形で使用します。原因を示すコンテンツはキャッチコピーメイン、解決策を示すコンテンツはビジュアルメインとすることで、上下のコンテンツにメリハリが出て、興味づけコンテンツを塊として見た場合にも、注意を引きやすい構成になります。

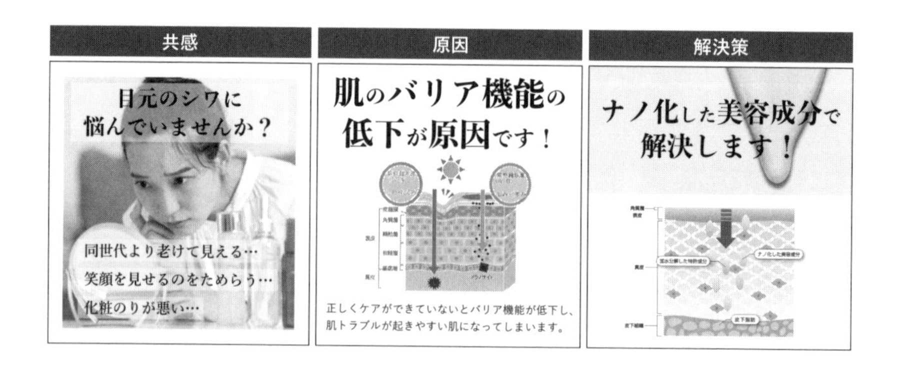

価値訴求コンテンツを構成する

コンテンツエリアの再設計の2つ目のアクションは、価値訴求コンテンツを構成することです。興味づけされた見込み客に、商品が提供する価値を伝えるコンテンツの作り方について紹介していきます。

価値訴求コンテンツを構成する4つのタスク

興味づけコンテンツによってランディングページの内容に興味を持った見込み客は、具体的な解決策を知るために、それ以降のコンテンツにも積極的に目を通そうとします。そこで、解決策としてもっともおすすめできる方法がこの商品であるということを伝えて、商品に対する興味関心を引き出します。これが、価値訴求コンテンツの役割です。

価値訴求コンテンツを構成するには、①ベネフィットを整理する、②コピーを作る、③ビジュアルを用意する、④コンテンツを配置するの4つのタスクがあります。最初に、①どのようなベネフィットによって見込み客の買いたい気持ちを引き出すのかを決めます。そして、それらのコンテンツへの興味を引くための②キャッチコピーとイメージを伝える③ビジュアルを用意し、④ランディングページの構成案に配置していきます。

◎価値訴求コンテンツを構成する4つのタスク

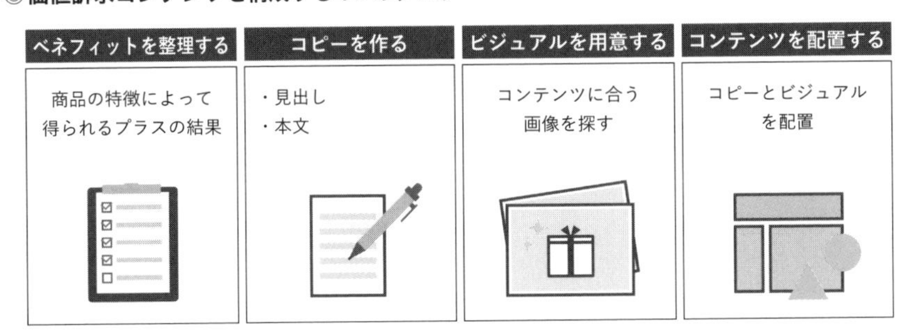

todo1. ベネフィットを整理する

価値訴求コンテンツを構成する1つ目のタスクは、ベネフィットを整理することです。見込み客が求めているプラスの結果となるベネフィットについて整理します。ランディングページの軸となるベネフィットは、ファーストビューを作る時に決めているので、その軸とずれないベネフィットについて洗い出します。商品リサーチをして、いくつものベネフィットが見つかるとたくさん訴求したくなりますが、ベネフィットを訴求しすぎると伝わりづらくなってしまいます。そのため、ランディングページ全体を通じて見込み客に「何のために役立つ商品か」が伝わりやすくするために、軸となるベネフィットを絞り込みます。

一方、同じことを繰り返し伝えられても、見込み客は興味を持ち続けてくれません。そのため、同じベネフィットを異なる表現で伝えられる別のパターンを考えるようにします。例えばファーストビューエリアで「あなたの年齢肌が、潤いを取り戻す」というベネフィットを訴求していたなら、「潤いを取り戻す」を「あの頃のような潤い肌に」「潤い満ちた肌に戻れる」といった別の表現にすることで、軸をぶらすことなく別の訴求パターンを用意することができます。

軸となるベネフィット

潤いを取り戻す

価値訴求コンテンツで使うベネフィット

・あの頃のような潤い肌になれる
・潤い満ちた肌に戻れる

ランディングページの軸となっているベネフィットを別の表現にしたパターンを書き出す

todo2. コピーを作る

価値訴求コンテンツを構成する2つ目のタスクは、コピーを作ることです。見出しとなるキャッチコピーと、内容を伝えるボディコピーを作ります。

見出しとなるキャッチコピーは、あなたの商品が解決策を実現できることをわかりやすく伝えられる必要があります。例えば「あの頃のような潤い肌のための美容液が誕生」「潤い満ちた肌に戻りたい、あなたのための高浸透美容液」など、示した解決策につなげる形で、ベネフィットと商品を同時に訴求できるコピーにします。これによって、興味づけされた見込み客が具体的な解決の手段としての商品を認識するようになるため、そのあとに続く商品特徴や実績評価といった証拠コンテンツを積極的に見てくれるようになります。

内容を伝えるボディコピーでは、アイキャッチとして他のベネフィットを載せたり、商品特徴や実績評価などを載せることで、賑やかな印象を作ります。

コンテンツエリアにおける「ベネフィット」のコンテンツは、ランディングページ中盤におけるファーストビューのような役割を担います。そのため、ファーストビュー以降のコンテンツをしっかりと読み込んでいない見込み客が、この中盤のベネフィットコンテンツによってあらためてランディングページに対する興味を取り戻してくれるようなコンテンツにします。

価値訴求コンテンツで使うベネフィット

・あの頃のような潤い肌になれる
・潤い満ちた肌に戻れる

▶

メインコピー

潤い満ちた肌に戻りたい、
あなたのための高浸透美容液

ボディコピー

・つけた瞬間、スッと馴染む
・朝起きた時の違いを実感

todo3. ビジュアルを用意する

価値訴求コンテンツを構成する3つ目のタスクは、ビジュアルを用意することです。価値訴求コンテンツのビジュアルは、商品画像を使います。ベネフィットをイメージしてもらうための画像ではなく商品画像を使う理由は、ここからは商品への関心を高めてもらう必要があるためです。このあとに商品特徴・実績評価コンテンツが並ぶ構成になるため、ここでは商品画像を見せて、この商品を使うことでベネフィットが手に入るという意識づけをします。

ここで使う商品画像は、基本的には切り抜き画像と呼ばれる商品単体の画像を使います。背景が入った画像だと、商品本体が目立たなくなるので、訴求力が弱くなってしまうためです。ここでは、ベネフィットと商品とを強く結びつけておきたいので、商品単体の画像を使って印象づけます。化粧品の場合は、中身の状態がわかるようなテクスチャ画像もあわせて用意すると、商品についての情報を提供できるのでおすすめです。

商品画像に関して、化粧品の場合は容器を見せればよいので用意しやすいですが、無形の商品の場合は、それを実行する人を商品として考えて、その人を前面に押し出した画像にします。例えば、エステなら実際に施術をするエステティシャン、英会話スクールなら講師、人材紹介サービスならキャリアコンサルタント、ITツールならツールの管理画面などです。見込み客が自分に価値を提供してくれるものだと考える対象を、ベネフィットコンテンツのビジュアルとして用意します。

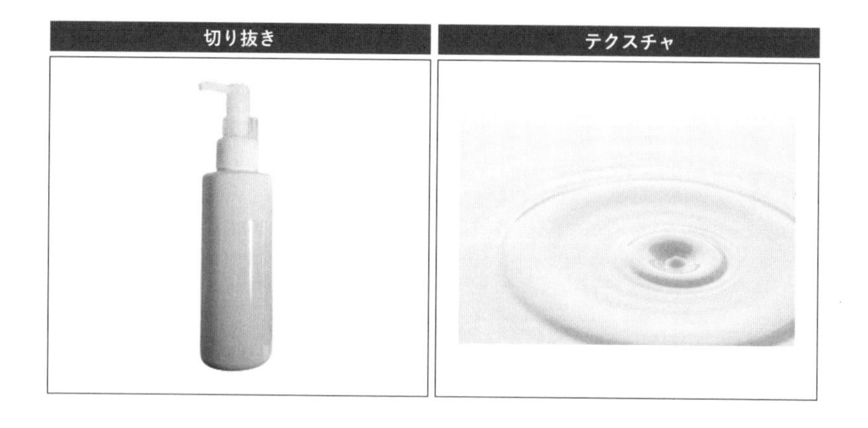

todo4. コンテンツを配置する

価値訴求コンテンツを構成する4つ目のタスクは、コンテンツを配置することです。見込み客が手に入れるベネフィットと商品を紐づけるため、商品を前面に押し出した配置にします。ページの中央に商品画像を大きく配置し、見出しとなるキャッチコピー、内容を伝えるボディコピー、アイキャッチ要素となるその他のコピーを配置します。

action3

証拠コンテンツを構成する

コンテンツエリアの再設計の3つ目のアクションは、証拠コンテンツを構成することです。商品の価値に興味を持った見込み客に、商品に納得し、信用してもらうためのコンテンツの作り方について紹介していきます。

証拠コンテンツを構成する5つのタスク

価値訴求コンテンツによって商品に興味を持った見込み客は、その商品が自分の課題を解決してくれる理由や、それを売っている相手を信じてよいのかなどを知るために、それ以降のコンテンツにも目を通そうとします。そこで、商品の特徴や実績、評価、使い方やよくある質問などを示すことで、商品に対する信用を引き出すのが証拠コンテンツの役割です。

証拠コンテンツを構成するには、①証拠を整理する、②見出しコピーを作る、③説明テキストを作る、④ビジュアルを用意する、⑤コンテンツを配置するの5つのタスクがあります。まずは、①見込み客が「この商品なら間違いない」と信じるために必要な情報を整理します。そして、それらのコンテンツへの興味を引くための②見出しコピーと③内容を説明するためのテキスト、④イメージを伝えるためのビジュアルを用意し、ランディングページの構成案に配置していきます。

◎証拠コンテンツを構成する5つのタスク

証拠を整理する	見出しコピーを作る	説明テキストを作る	ビジュアルを用意する	コンテンツを配置する
・商品の特徴 ・実績や評価 ・使い方 ・よくある質問など	コンテンツの内容を端的に表す文章	コンテンツの内容を詳細に表す文章	コンテンツに合う画像を探す	見出しコピーと説明テキストとビジュアルを配置

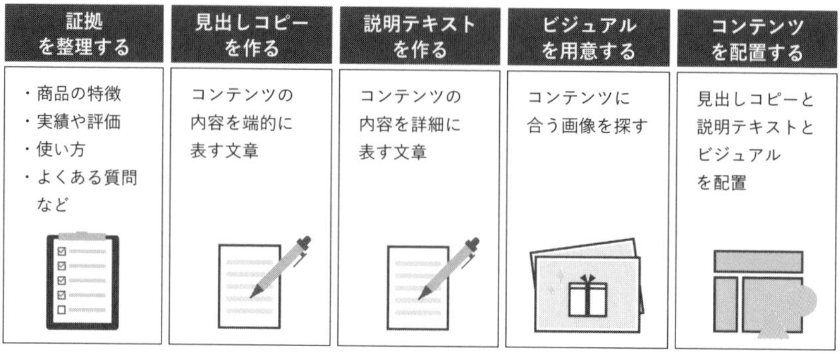

todo1. 証拠を整理する

証拠コンテンツを構成する1つ目のタスクは、証拠を整理することです。証拠には、商品特徴・実績・評価・商品の使い方・よくある質問・企業情報などがあります。最初に、ベネフィットの証拠となる商品特徴を3〜5つ選びます。商品に興味を持った見込み客が、他の商品とどう違うのかを比較するための情報になるので、できるだけ独自性のある特徴を選びます。数が多すぎるとどれが重要かわからなくなり、逆に少なすぎると売りの少ない商品だと思われてしまうので、多くても5つにしてください。

なお、見込み客は売り手の言葉を100%信じているわけではありません。そのため、その商品の価値を証明する実績や第三者からの評価など、客観的な情報が重要になります。商品リサーチで整理した実績や評価から、見込み客が納得するために役立つ情報を選びます。有名メディアでの紹介、有名インフルエンサーや権威者からの推薦などが有効なコンテンツとなります。また、商品に納得した見込み客の感じる「自分にも使えるのかどうか」という不安を解消するために、商品の使い方やよくある質問といった情報も大切になります。

これに加えて、ネットで販売する商品の場合は、騙されないかどうかという点も見込み客の購入のハードルになります。そのため企業情報や申込方法なども、ランディングページにおける重要な証拠コンテンツになります。これらの情報は商品リサーチの結果から確認して整理するのですが、不足する情報がある場合は調べ直して、この段階で材料集めを行います。

商品の特徴	実績や評価	その他
・機能 ・仕様 ・成分 ・製法 ・処方 ・開発者 ・製造者 など	・販売数 ・顧客数 ・売上 ・メディア掲載 ・専門家の推奨 ・インフルエンサーの紹介 ・顧客の声 など	・使い方 ・よくある質問 ・企業の情報 ・申込方法 ・購入の流れ など

todo2. 見出しコピーを作る

証拠コンテンツを構成する2つ目のタスクは、見出しコピーを作ることです。人が瞬間的に認識できる文字数は、13〜15文字と言われています。見込み客にとって有益な情報だということを、15文字以内で伝えられる見出しにします。

より伝わる見出しにするポイントは、「商品特徴」「実績評価」「その他の情報」だけを表現するのではなく、それらがあることでどのようなベネフィットがあるのかを文章に盛り込むことです。顧客は自分の役に立つ話にしか興味がありません。そのため、商品の話ではなく、その商品を使う顧客にどのようなメリットがあるのかを伝えると効果的です。

例えば、商品特徴コンテンツの「●種類の美容成分配合！」という見出しは、商品の特徴を端的に表していますが、見込み客の話にはできていません。そこで、ベネフィット要素を加えて「●種類の美容成分でハリとツヤのある肌に！」とすることで、見込み客の話に変化し、興味づけできる内容になります。このままでも十分ですが、若干文字数が多くなっているのでさらに調整すると、「美容成分●種が肌にハリとツヤを」となります。キャッチコピーと同じく、文章的に歯切れが悪くてもかまいません。文字量が多い場合は、2行にすることで端的に要点を伝えられる文章になっていればOKです。

商品の特徴		見出しコピー
成分のナノ化		先端技術を使ったナノ化製法で お肌の奥までしっかり浸透！
コラーゲン・ヒアルロン酸配合	▶	コラーゲン・ヒアルロン酸による保湿で お肌にハリとツヤを！
プッシュタイプのノズル		プッシュタイプのノズル採用だから 時間をかけずに簡単に使える！

todo3. 説明テキストを作る

証拠コンテンツを構成する3つ目のタスクは、説明テキストを作ることです。証拠コンテンツは、ランディングページの中でも文章量の多いパーツとなります。商品に興味を持ち、本当によい商品なのかどうかを知りたいと思っている見込み客に理解してもらうため、具体的な情報をしっかりと伝える必要があります。とはいえ、文章がわかりにくいと読んでもらえないので、要点が整理された、読みやすい文章にする必要があります。

文章は、結論・理由・具体例によって構成することで、読みやすくなります。ランディングページのコンテンツにおいて、結論は見込み客が手に入れる結果、ベネフィットです。そして結論の理由となるのが、紹介する商品の特徴です。コンテンツエリアの説明文では、そこで紹介する商品によって、どのようなベネフィットを手に入れられるのか？　またその理由として、商品にどのような特徴があるのか？を説明するようにします。具体例は、出せるものがある場合にのみ入れる形でかまいません。

コンテンツエリアの説明文は、文字量が多くてよいとはいえ、3〜5行程度に収まるように内容を精査してください。目安としては、スマホで見た時に画面の半分以上が文字で埋まっているなら、そのパーツは手直しが必要です。

商品の特徴		説明テキスト
コラーゲン・ヒアルロン酸配合	▶	コラーゲン・ヒアルロン酸による保湿でお肌にハリとツヤを与えます。しっかりと保湿することで本来の健康的で美しい肌を取り戻せます。

todo4. ビジュアルを用意する

証拠コンテンツを構成する4つ目のタスクは、ビジュアルとしてイメージ画像を配置することです。人は、文字を読むより先に、ビジュアルから情報を受け取ります。そのため、証拠コンテンツの情報をイメージできる画像を、見出しの下に配置します。

画像の使い方には、2つのパターンがあります。見出しで伝えている内容を画像によって補完する使い方と、見出しで伝えたい内容を画像に置き換える使い方です。例えば商品特徴を「心地よい肌ざわりになるための、保湿成分を●●種類配合」という見出しにする場合、このままでは見出しとして長すぎます。そこで、「心地よい肌ざわり」を表現するために「うっとりとした表情の女性が肌を撫でている様子の画像」を使うことで、見出しは「お肌が潤う成分を●●種類配合」と伝えるだけで、心地よい肌ざわりを表現できるようになります。これは、見出しで伝えたい内容を画像に置き換えたパターンになります。

他にも、申込方法でフォームの画像を使ったり、イラストや動画で使い方を紹介するなど、さまざまな情報をビジュアルで表現することができます。

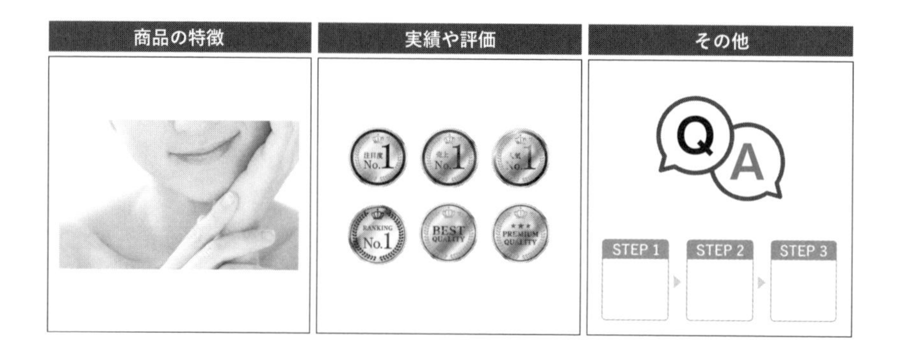

todo5. コンテンツを配置する

証拠コンテンツを構成する5つ目のタスクは、コンテンツを配置することです。上から見出し、ビジュアル、説明テキストの順に、コンテンツを配置します。見出しとビジュアルで注意を引きつけて、説明テキストを読むことで理解してもらう流れになります。証拠コンテンツは複数のブロックパーツによって構成されるため、同じような見せ方のコンテンツが並んでいると、見込み客が飽きてしまい、積極的に読んでもらえなくなります。そこで、それぞれのコンテンツの見せ方を変えることで、飽きさせない配置にします。

例えば実績評価コンテンツは、詳しい情報を説明するのではなく、インパクトのある見せ方をすることで印象づけをするのがよいでしょう。エンブレム画像を使うことで、表彰されているようなイメージを作ることができ、実績を魅力的に伝えることができます。専門家や権威者からのお墨付きコメントをもらっている場合は、見出し→専門家や権威者の画像→プロフィール→コメントによって構成されます。特に、プロフィールは重要になります。誰がおすすめしているのかによって、その内容の信用度が変わるからです。また顧客アンケートの結果を使う場合は、見出し→グラフ画像→回答者画像→コメントが基本の構成になります。アンケート用紙のコメント欄の写真を撮り、それを並べるなどしても、見込み客の興味を引きつける見せ方になります。

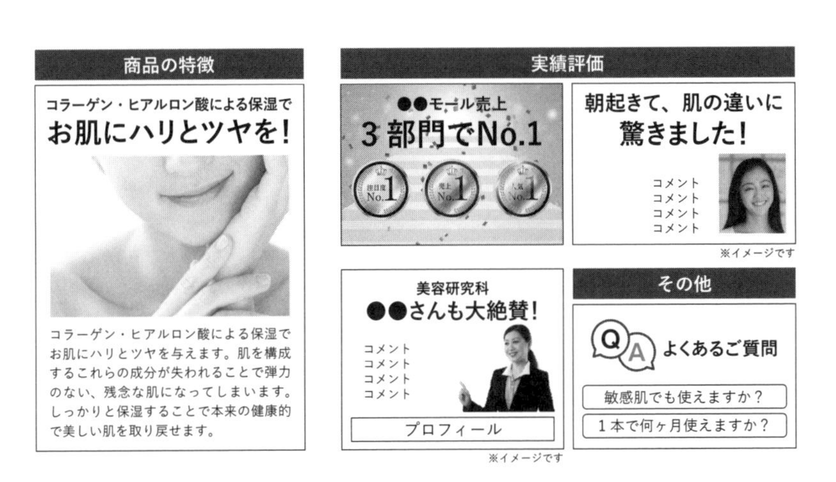

column　伝わりやすいコンテンツとはどのようなコンテンツか？

見込み客の共感を得て、興味を引き、納得を引き出せるコンテンツを用意していたとしても、それが魅力的に伝えられていなければ意味がありません。私たちは、相手が自分に興味があると勘違いしてしまいがちです。そのため、見込み客が積極的にコンテンツを見てくれるはずだという、間違った考えを持ってしまっています。コンテンツは、相手に伝わらなければ意味がありません。相手に伝わりやすいコンテンツにするためのコツがあるので、ご紹介します。

人に何かを伝える時に大事なのが、相手に合わせた伝え方をすることです。パッと見て理解できるくらいわかりやすくないと、相手はすぐに諦めてしまいます。専門家の話は難しく聞こえがちですが、本人としてはわかりやすく伝えているつもりだったりします。その原因は、すでにその知識を持ってしまっている人とまだ持っていない人とでは、前提や物の見方が違うからです。

あなたが商品について説明する時も、同じような状況が起こってしまいます。見込み客は、商品についての知識がありません。そのため、あなたが普段使っている言葉や考え方をもとにコンテンツを作ってしまうと、伝えるべき情報が正しく伝えられなくなります。何も知らない、何もわかっていない相手に対して、疑問を感じさせないような伝え方をしなければいけないのです。

伝わる表現のテクニックに、「語るな示せ」というものがあります。これは、文字や言葉で伝えるのではなく、ビジュアルで見せるという方法です。私たちは、文字ではなくイメージとして見た方が、より早く、より具体的に物事を理解することができます。そのため、伝えたい内容を画像や映像で伝えるようにすると、より伝わりやすいコンテンツになります。

9章

LP改善チャレンジSTEP ⑦ ランディングページのデザイン

STEP⑦ランディングページのデザイン

売れるLP改善のステップ7つ目は、ランディングページのデザインを仕上げることです。見込み客を引きつけ、興味を引き出すデザインにするために、構成案段階でやっておくべき仕上げについて紹介します。

思わず目を止めてしまうデザインとは

ファーストビューエリア、コンテンツエリア、オファーエリアの構成ができて、ランディングページの全体像が具体的になったら、最後は見込み客の注意を引き続けるための仕上げに入ります。それが、デザインの工程です。

ランディングページのデザインで重要なのは、メリハリを出せているかどうかです。メリハリとは、見え方に違いをつけて、大事なポイントを瞬時に伝えるための表現方法です。ランディングページに載っている情報を、端から端まで読む人はほとんどいません。そのため、ベネフィットやオファーなど注目してもらいたい部分は文字を大きくしたり、目立つ色を使ったりして、目を止めてもらいやすくします。逆に、説明的な内容や重要度の低い会社情報などのコンテンツは、読める程度の文字の大きさにしたり、色を使わずあえて目立たせないようにすることでメリハリを出します。

◎メリハリのあるランディングページのイメージ

メリハリのないランディングページ

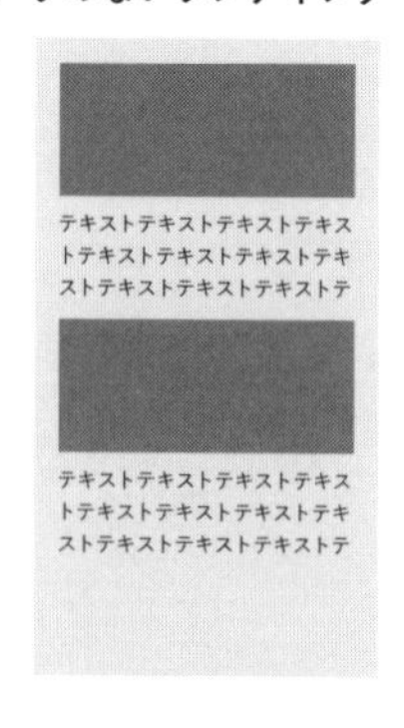

メリハリのあるランディングページ

注意・理解・行動を生み出す6つのタスク

コンテンツにメリハリをつけ、見込み客を飽きさせないランディングページにするためには、注意、理解、行動を促進させるための工夫を行います。①文字を大きくする、②リズムを調える、③動きを決めることにより、注意を促しやすくするデザインにします。また、④ブリッジを作る、⑤読みやすくすることにより、理解を促しやすくするデザインにします。また、⑥CTAボタンを目立たせることにより、行動を促しやすくするデザインにします。

これらの仕上げを行うことで、バラバラのブロックの間につながりが生まれ、単調な情報の羅列だったところにメリハリが生まれます。その結果、見込み客に情報が届きやすくなります。読んでもらうランディングページではなく、読みたくなるランディングページができた時、売れるランディングページの完成へと一歩近づいたことになります。

◎6つのタスクの図

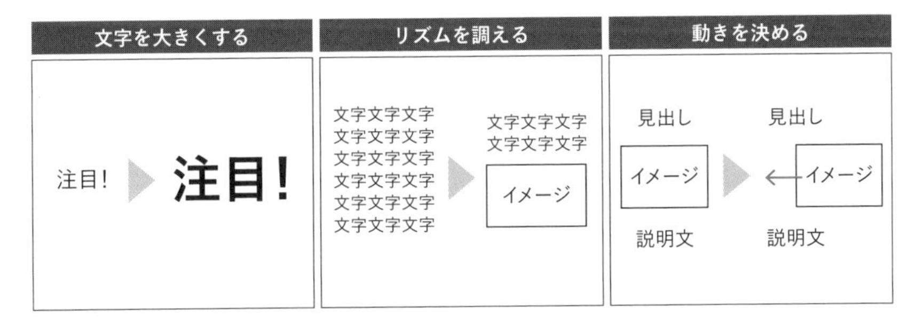

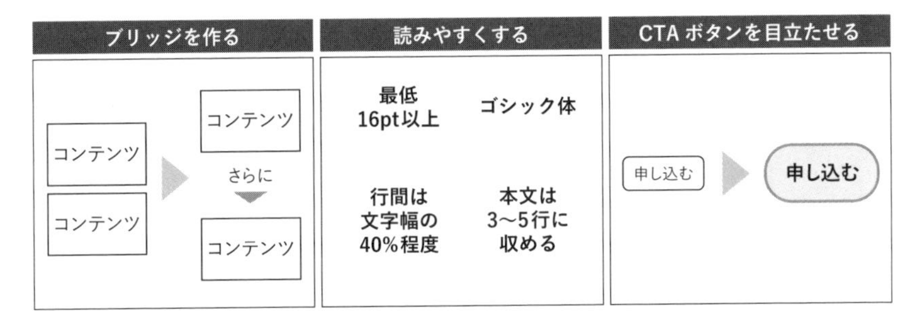

action1

注意を促すデザインにする3つのタスク

ランディングページの構成案を仕上げるデザインの1つ目は、注意を促すデザインにすることです。見込み客の注意を引き、ランディングページに留まってもらうためのデザインを作る方法について紹介します。

todo1. 文字を大きくする

注意を促すデザインにする1つ目のタスクは、文字を大きくすることです。文字を大きくすることで、見込み客の注目を集めやすくなります。とはいえ、すべての文字を大きくするわけではありません。ランディングページの中でも重要な、ベネフィットを伝えるコピーや各コンテンツの見出しコピーを大きくします。前のめりにランディングページを読んでいない見込み客の目と手を止めさせるために、見出しの文字を大きくしてランディングページの中で目立つ存在にします。

ベネフィットを伝えるコピーは、コピーの要素がスマホ画面の4分の1以上を占める大きさにします。それくらいの大きさでなければ、パッと見た時に情報が伝わらないからです。見出しコピーの場合は、8文字並べた時にスマホ画面の左右の幅いっぱいに文字が表示される大きさを目安にします。8文字以上ある場合は、改行して2行にしたり、文字数を減らしたりします。『テマヒマセラム』を用いたcaseについては、各パートの図で紹介しているので参考にしてください。

◎文字を大きくする例

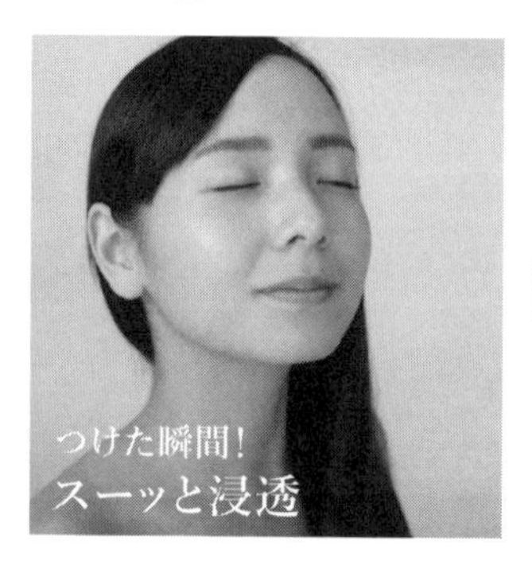

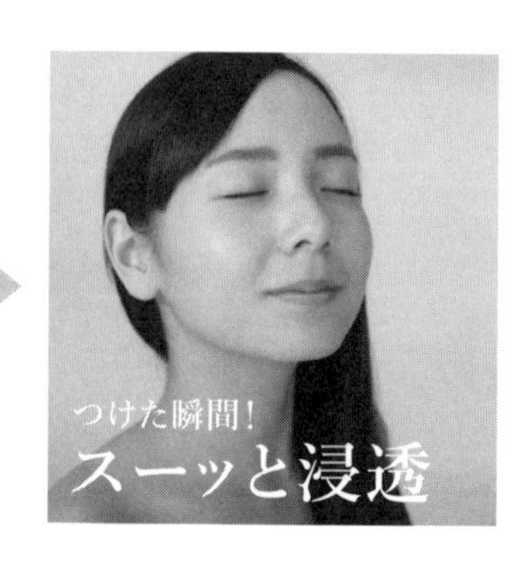

todo2. リズムを調える

注意を促すデザインにする2つ目のタスクは、リズムを調えることです。リズムのあるランディングページとは、見る部分と読む部分のバランスが取れていて、見た目の印象に強弱があるようなページです。同じようなコンテンツが並ぶとリズムが生まれず、単調なページになります。単調だと見込み客はすぐに飽きてしまい、ページから出て行ってしまいます。そのため、コンテンツに緩急をつけながらリズムのよいランディングページにします。

リズムは、大きく2つの要素で調えられます。1つ目は、ランディングページ全体のリズムを作る画像とテキストのバランスです。文字量が多いとリズムが悪くなり、読む気が失せる人が多くなります。そのため、アイキャッチや画像を適宜使うことで、リズムを調えます。具体的には、スマホ画面で見た時に、文字パートが画面の半分以上を占めてしまっていないかを確認し、文字が多ければ文字を減らしたり、挿入する画像を増やしたりして調整します。

2つ目は、各コンテンツブロックにリズムをつけるためのデザイン要素です。キャッチコピーに傾きをつけたり、フォントを変えたり、画像に動きをつけたり、装飾を付け加えたりすることで、個別のコンテンツブロックにリズムが生まれます。すぐれたランディングページを見ると、必ずしも必要とは言えない装飾要素が所々に散りばめられています。これは、ランディングページが単調にならないようにするための工夫です。

リズムのない LP	リズムのある LP
・文字量が多い ・文字の大きさが一定 ・同じサイズの画像が並んでいる ・素材画像だけが並んでいる	・画像と文字のバランスがよい ・大きな文字と小さな文字が配置されている ・画像に文字を載せるなど加工している

◎リズムを調える例

テマヒマセラムの特徴

コラーゲン・ヒアルロン酸による保湿でお肌にハリとツヤを！

コラーゲン・ヒアルロン酸による保湿でお肌にハリとツヤを与えます。肌を構成するこれらの成分が失われることで弾力のない、残念な肌になってしまいます。しっかりと保湿することで本来の健康的で美しい肌を取り戻せます。

高浸透美容液だから つけた瞬間スッと馴染む！

朝起きた時の違いを実感！

▶

コラーゲン・ヒアルロン酸による保湿で

お肌にハリとツヤを！

コラーゲン・ヒアルロン酸による保湿でお肌にハリとツヤを与えます。肌を構成するこれらの成分が失われることで弾力のない、残念な肌になってしまいます。しっかりと保湿することで本来の健康的で美しい肌を取り戻せます。

潤い満ちた肌に戻りたい！

あなたのための高浸透美容液

つけた瞬間、スッと馴染む！

朝起きた時の違いを実感！

todo3. 動きを決める

注意を促すデザインにする3つ目のタスクは、動きを決めることです。重要なコンテンツの周辺に動きがあると、そこに注意を引くことができます。具体的には、ファーストビューエリアのコンテンツ、CTAボタン、各コンテンツの見出しなどに動きをつけます。ファーストビューでは、キャッチコピーを動かしたり、アイキャッチ要素を揺らしたりして、賑やかさを出します。オファーエリアでは、CTAボタンを揺らしたり、拡大縮小させたりして、ボタンの存在を目立たせます。また、見出しをスライドインさせることで、見出しに目線を向けてもらいやすくなり、コンテンツへの興味づけをしやすくなります。どのコンテンツにどのような動きをつければ見込み客の注目を集められるのかを考えて、動きを決めます。

ファーストビューに動きをつけようと動画素材を配置することもありますが、データ容量の大きな素材を設置するとページの表示速度が遅くなるため、おすすめできません。そこでGIFアニメーションを使うことで、容量を軽くしながら動きをつけることができます。GIF動画は画像をコマ割りして連続再生した「動く静止画像」で、つなぎ合わせることでパラパラ漫画のようにアニメーションを作れるデータ形式です。

◎動きのパターンの例

スライドイン

コラーゲン・ヒアルロン酸による保湿で
お肌にハリとツヤを！

コラーゲン・ヒアルロン酸による保湿でお肌にハリとツヤを与えます。肌を構成するこれらの成分が失われることで弾力のない、残念な肌になってしまいます。しっかりと保湿することで本来の健康的で美しい肌を取り戻せます。

フロートアップ

action2

理解を促すデザインにする2つのタスク

構成案を仕上げるデザインの2つ目は、理解を促すデザインにすることです。商品に納得してもらうための情報を読んでもらうためのデザインについて紹介します。

todo1. ブリッジを作る

理解を促すデザインにする1つ目のタスクは、ブリッジを作ることです。ブリッジとは、コンテンツとコンテンツとのつなぎ目の役割をするコンテンツのことです。配置されたコンテンツは、情報として整理され、順序よく並んでいたとしても、すべての見込み客がその通りに読み進めてくれるとは限りません。そこで、次のコンテンツへの誘導を促すためのアイキャッチとなるブリッジを追加して、コンテンツとコンテンツの間でスムーズに橋渡しができるようにします。

ブリッジは、接続語と矢印から構成されます。接続語があるとその続きを知りたくなり、矢印があるとその指し示す方向へ注意を向けたくなります。接続語は、「だから」「なぜなら」「そして」「それが」などを使います。矢印は「↓」ではなく「▼」を幅広に使うことで、よりインパクトのあるブリッジにすることができます。

また、「ちょっと待ってください！」「安心してください！」「その原因は…」「その解決策が！」のように、注意を引きつけ、次のコンテンツへの興味を促すようなコピーもブリッジとして活用できます。この場合は、コピーに合わせた画像を使うことで、より注目を集めやすいブリッジにすることができます。

◎ブリッジを作る例

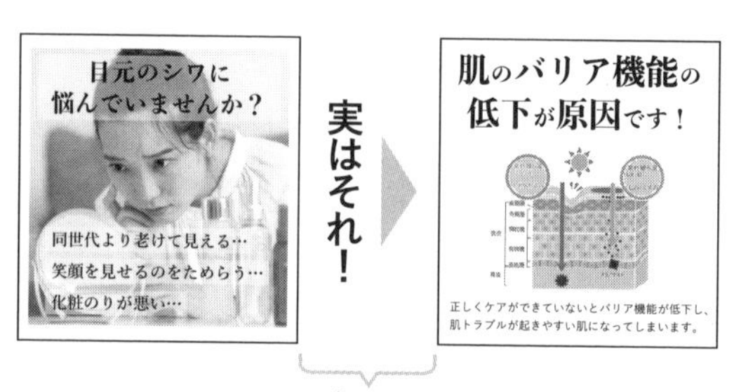

todo2. 読みやすくする

理解を促すデザインにする2つ目のタスクは、読みやすくすることです。これは主に、コンテンツエリアの説明文に対するテコ入れになります。せっかく注意を引き、興味を引けたとしても、説明文が読みにくいことで読むのを諦められてしまっては元も子もありません。読みにくい説明文は、文字が小さい、行間が詰まっている、文字数が多い、見づらいデザインになっているなどが原因です。

まず、ランディングページ内でもっとも小さい文字の大きさを16pt以上にします。これは、一般的に使われているスマホで視認しやすい文字の大きさです。次に、行間が詰まりすぎないように、文字の縦幅の上下40%程度のスペースを空けるようにします。そして、文字数が多い場合は言い回しを短くしたり、必須ではない内容を削るなどして、3〜5行程度に収まるように調整します。明朝体や特殊なフォントは読みにくいため、小さな字のフォントはゴシック体を使います。そして、背景は白、文字色は墨文字を使います。なお、これはデザイナーの作業になりますが、文字の色を真っ黒にしないようにしてください。白背景に黒文字だと、目に負担を与えてしまうためです。白背景を少しオフホワイトにするか、黒ではなく薄めた濃いグレーを使うなど、調整するようにします。

◎読みやすくする例の図

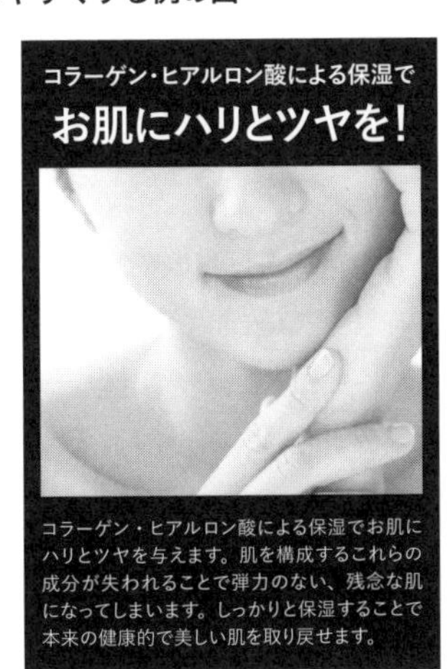

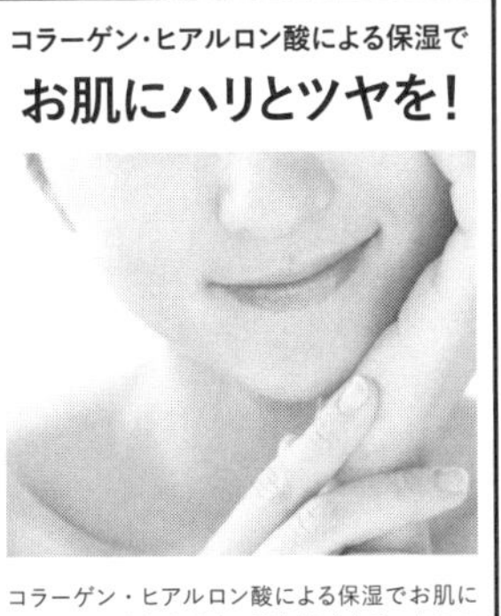

action3

行動を促すデザインにするタスク

構成案を仕上げるデザインの3つ目は、行動を促すデザインにすることです。購入や申込など、買い手にとってもらいたい行動を促すためのデザインについて紹介します。

CTAボタンを目立たせる

行動を促すデザインにするためのタスクは、CTAボタンを目立たせることです。CTAは「Call to Action」の略で、行動喚起を意味します。購入しようと思っている見込み客の背中を押すための、最後のメッセージになります。そのため、ランディングページの中でもっともわかりやすく、目立つようにしておく必要があります。具体的には、大きく表示する、ボタンの形を変える、立体的にする、強い色にする、メッセージを大きく載せる、動きをつける、などの手法があります。実際の作業はデザイナーやコーダーの仕事になりますが、具体的な指示はこちらで行う必要があります。

また、CTAボタンを画面の下部に固定表示させる方法も効果的です。画面をスクロールしても、ずっと表示されている状態を作れるので、見込み客が買おうと思ったタイミングですぐに購入に移れるメリットがあります。ただし、潜在層向けのランディングページで早い段階でCTAボタンが出ていると、売り込みを強く感じさせてしまいます。そのため、固定CTAボタンはオファーエリアを一度表示させたあとに表示させるようにしてください。

◎CTAボタンを目立たせる例

ボタンを大きくする

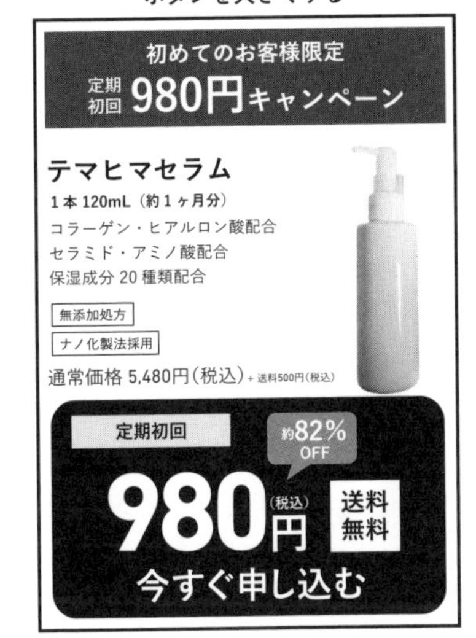

ボタンを揺らす

ボタンの形を変える

画面下で常に表示

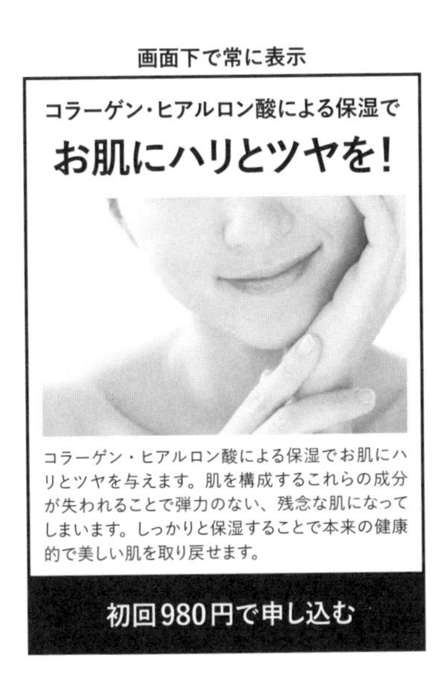

action4

構成案を仕上げる

最後に全体を見返して、メリハリのある読みやすいランディングページになっているかどうかを確認し、構成案を仕上げます。どのようなポイントをチェックすればよいのかを紹介します。

全体を見返して調整する

最後に、ランディングページ全体を俯瞰して見返してみます。ランディングページの構成案を縮小して、ページ全体が画面に映るように設定します。見込み客に確実に見てもらいたいコンテンツに目がいくように、メリハリを出せているかどうかをチェックします。小さい文字は読めなくなると思いますが、キャッチコピーや各コンテンツの見出しが読めないようであれば、文字を大きくする必要があります。また、単調な印象になっている場合は、見せ方を変える部分を作ったり、背景の色味や画像を変更したりして、メリハリが出るように調整します。反対に、すべてを強調しすぎて圧力が強すぎるような場合も、この段階で調整します。

調整が完了したら、構成案をPDF形式などで保存してスマートフォンに転送し、確認します。スマートフォンで見た時に、見づらい箇所がないか、読みにくいデザインになっていないかなどを確認します。ポイントは、すべての文字要素を声を出して読むことです。これにより、言い回しとしてわかりにくい部分を発見できたり、誤字脱字に気づくことができます。パソコンの画面で作成していると、どうしても部分最適になりがちです。スマートフォンに映して確認することで、見込み客が実際にそのランディングページを見る状態に近づけられます。

スマートフォンでのチェックが完了したら、完成した構成案をデザイナーへ渡し、あとは完成を待つだけです。

◎ランディングページの全体

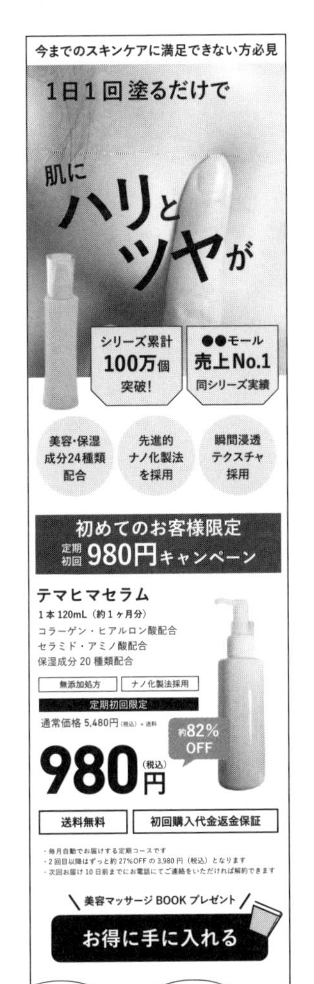

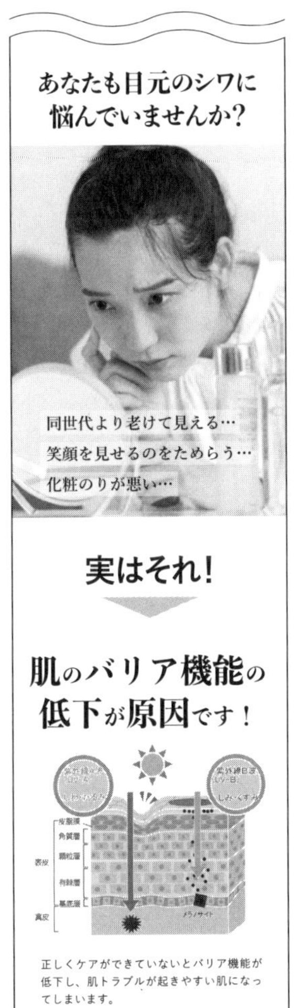

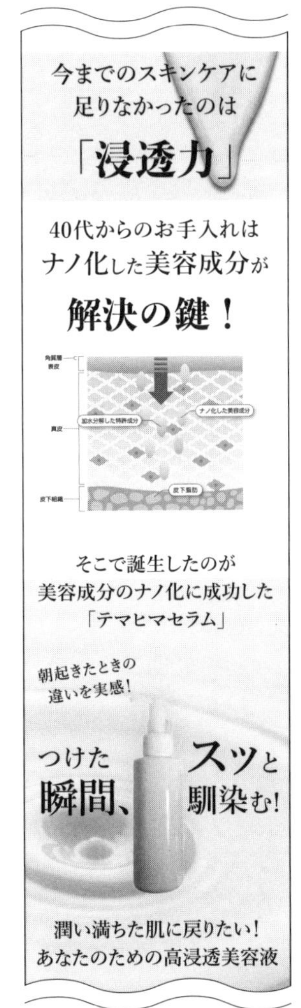

テマヒマセラムが選ばれる理由

1. 先端技術を使ったナノ化製法で
お肌の奥※までしっかり浸透！

※角膜層まで

コラーゲン・ヒアルロン酸による保湿でお肌にハリとツヤを与えます。肌を構成するこれらの成分が失われることで弾力のない、残念な肌になってしまいます。しっかりと保湿することで本来の健康的で美しい肌を取り戻せます。

2. コラーゲン・ヒアルロン酸による保湿で
お肌にハリとツヤを！

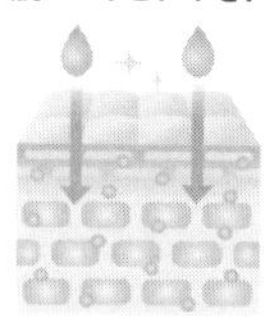

コラーゲン・ヒアルロン酸による保湿でお肌にハリとツヤを与えます。肌を構成するこれらの成分が失われることで弾力のない、残念な肌になってしまいます。しっかりと保湿することで本来の健康的で美しい肌を取り戻せます。

3. プッシュタイプのノズル採用だから
時間をかけずに簡単に使える！

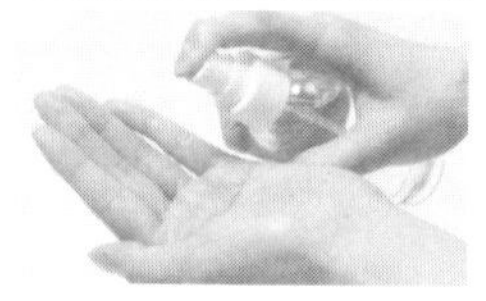

1プッシュで適量を出せるので、分量を気にせずサッとご利用いただけます。スキンケアを時短してリラックスタイムをお楽しみください。

ナノ化した有効成分が
お肌の奥※まで
しっかり届く！

※角膜層まで

初めてのお客様限定
定期初回 980円キャンペーン

テマヒマセラム
1本 120mL（約1ヶ月分）

コラーゲン・ヒアルロン酸配合
セラミド・アミノ酸配合
保湿成分 20 種類配合

ナノ化製法採用
無添加処方

約82% OFF

通常価格 5,480円（税込）＋送料500円（税込）

送料無料

定期初回 **980円**（税込）

・毎月自動でお届けする定期コースです
・2回目以降はずっと約 27%OFF の 3,980 円（税込）となります
・次回お届け 10 日前までにお電話にてご連絡をいただければ解約できます

美容マッサージ BOOK プレゼント

お得に手に入れる

肌の違いに驚く人が増えています！

やっと出会えました！

半年前くらいから肌の調子が「あれっ?」て感じだったのですが、テマヒマセラムを使ってから、肌の潤い感が変わりました。友達にもお勧めしてます！

34歳 A様

しっとり感に驚きです！

今まで使っていたものが急に合わなくなってしまって…。浸透力が違うというところに惹かれてテマヒマセラムを試してみたのですが、今ではもう手放せなくなっています。ありがとうございます。

40歳 K様

娘に褒められて幸せです！

半年前くらいから肌の調子が「あれっ?」て感じだったのですが、テマヒマセラムを使ってから、肌の潤い感が変わりました。友達にもお勧めしてます！

43歳 M様

モニターアンケートでも 86%の方が
「使い続けたい」と回答！

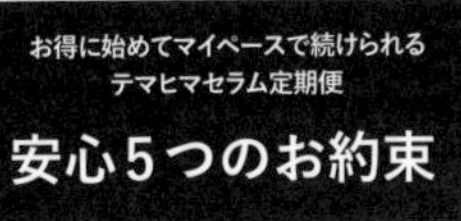

安心1 お届け回数のお約束はございません。
1回で解約OK!

安心2 いつでも停止・変更OK!
次回お届け日の10日前までにご連絡ください

安心3 2回目以降もずっとお得な特別価格
約27% OFF 3,980円(税込)

安心4 万が一お肌に合わない場合は
初回購入代金を返金

安心5 いつでも相談いただける
お客様専用サポート窓口

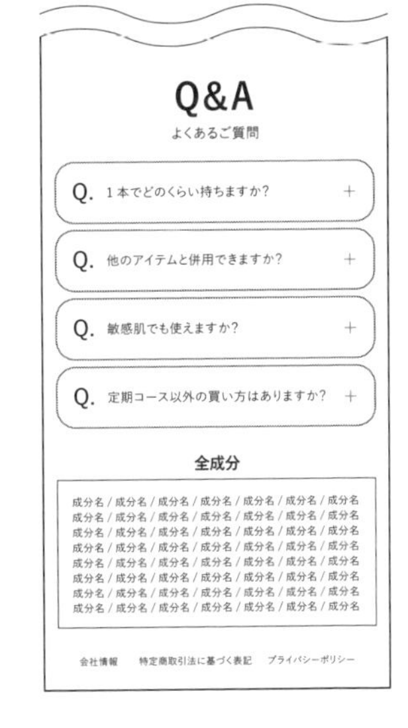

column　美しいデザインは必要？

デザインとは単なる見た目のことだと思われている方が多いのですが、そうではありません。デザインは、それを見た人に意図した行動を取ってもらうための手段です。つまり、相手に意図した行動を取ってもらうための設計をすることがデザインなのです。

ランディングページを「もっと美しい、洗練されたデザインにしたい」という要望をもらうことがあります。ですが、基本的にはおすすめしていません。なぜなら、美しさや洗練さを出そうとすると情報を削る必要があり、情報が少なくなればなるほど、見込み客を説得することが難しくなるからです。

高級ブランド店とスーパーマーケットを見比べてみてください。高級ブランド店は、広いスペースに少ない商品が展示されています。でも、スーパーマーケットでは所狭しと棚が並んでいて、商品の点数も多いです。もし高級ブランド店のようなランディングページを作るとすると、テキストはあまり入れられず、フォントも細めのものを使ったり、文字の大きさも小さい、イメージ画像中心のページになります。そのページによって伝わるのは、売り手が演出したい雰囲気だけです。雰囲気で商品を買う人はいません。高級ブランドが美しいデザインを作っているのは、最終的な購買地点がお店だからです。高級ブランドの商品をネットで買う人はあまりいません。それは、商品を所有するだけでなく、購入体験そのものに価値があるからです。そのため、よい雰囲気の商品に見せたいからと言って、ランディングページに美しさを求めてはいけないのです。

ランディングページの目的は、あくまでも見込み客を顧客化することです。ランディングページに必要なデザインとは、様子見で訪問した見込み客の注目を集め、そこにあるコンテンツを読み進めてもらうための情報設計です。そして、それを実現するための表現を作り上げることです。購買意欲をそそられる表現とは、高級ブランド店ではなく、スーパーマーケットの店内のようなものなのです。

10章

売れるランディングページを完成させる AB テスト

ABテストがLP改善を成功させる

売れるランディングページを持っている企業は、必ずABテストを繰り返しています。ですが、闇雲にABテストをしても期待するような成果は出せません。やってはいけないABテスト、やるべきABテストについてご紹介します。

ABテストでLP改善ができない企業の特徴

以前に比べて、ABテストという考え方は広まってきています。しかし、ランディングページに変更を加えて、よりよい結果を出せる方を選ぶという手法自体はわかっていても、テストのやり方を間違っている企業はまだまだ多いです。LP改善がうまくいかない企業の多くは、行き当たりばったりのテストをしています。思いつきで変更を加えたり、色や形を変えるなど、小手先の変更しか加えられていなかったりします。そのため、テストの結果に違いが出にくい内容になっているのです。また、こうした小手先のABテストでは、大きな改善につなげることは難しくなります。

PDCAサイクルを回す回数が少ないのも、ABテストでLP改善できる可能性が薄くなるため問題です。課題を探すのに時間をかけたり、改善案を作るのに時間をかけたりすることで、改善できるチャンスは少なくなります。1年に10回テコ入れできるのと5回しかできないのとでは、どちらの方がより売れるランディングページになるかは想像がつくと思います。

◎やってはいけないABテスト

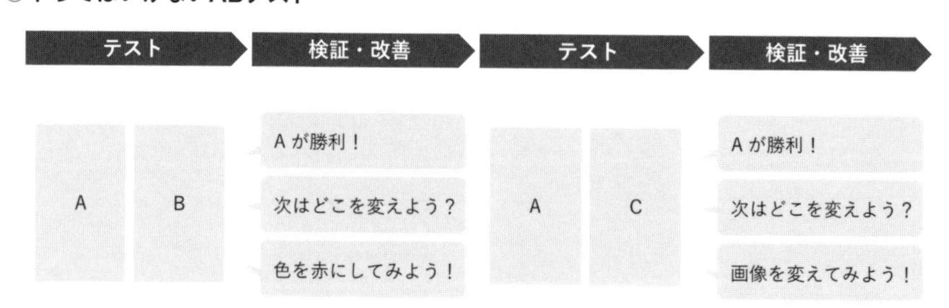

売れるLP改善のためのABテストとは

LP改善のためのABテストは、常に新しいテストを行い続ける必要があります。結果が出てから次の仮説を立て、新しいテストパターンを作っていたのでは、次のテストをするまでにテストのできない期間が生まれます。その間は改善に取り組めないので、改善機会がどんどん失われていきます。そのため、ランディングページを運用し始める段階であらかじめ複数の仮説に基づいたテストパターンを用意し、結果が出たらすぐに次のテストパターンを運用できるようにしておきます。

複数のテストパターンは、中身を変えるアプローチと流れを変えるアプローチによって作ることができます。中身を変えるアプローチの場合、ファーストビューエリアのテストパターンとして、メインビジュアルで男性を使うパターン、女性を使うパターン、1人のパターン、複数のパターンなど、ターゲットを変えたパターンを複数用意しておきます。キャッチコピーも、機能的ベネフィットを訴求するパターン、感情的ベネフィットを訴求するパターン、ネガティブなパターン、ポジティブなパターンなど、複数用意しておきます。

流れを変えるアプローチの場合、コンテンツの配置の違いをパターンとして用意することができます。ファーストビューの下に実績評価コンテンツを持ってきて権威性を強めるパターン、ユーザーボイスを持ってきて信用や安心感を強めるパターン、オファーを持ってきてお得さを強めるパターンなどです。

何が正解かは、実際に見込み客に訪問してもらった結果を見なければわかりません。結果を見て、常に次のパターンを実行できる状態にしておくことが大切です。

◎売れるLP改善のためのABテスト

中身を変えるアプローチ	流れを変えるアプローチ
●メインビジュアル ・男性 or 女性 ・1人 or 複数 ・真顔 or 笑顔 ●キャッチコピー ・機能的ベネフィット or 感情的ベネフィット ・ネガティブ or ポジティブ ・疑問系 or 断定系 ・寄り添う or 突き放す	●ファーストビュー下コンテンツ ・実績評価を持ってきて権威性を強める ・ユーザーボイスを持ってきて信用や安心感を強める ・オファーを持ってきてお得さを強める

ABテストの優先順位

売れるLP改善のためには、改善インパクトのあるエリアから優先的にテストを行います。優先順位は、①オファーエリア、②ファーストビューエリア、③コンテンツエリアの順です。

もっとも重要なオファーエリアは、見込み客が最終的に買うかどうか決める場所です。せっかく興味を持って、購入を検討してくれていたとしても、オファーが悪いためにそこで離脱させてしまうケースがあります。ランディングページの最終段階まで来てくれている見込み客を確実に申込へと促すために、割引・特典・保証などの取引条件をテストしていきます。

次に重要なのが、ファーストビューエリアです。ファーストビューエリアは、見込み客がそのランディングページを見るかどうかを決定づけるエリアです。見込み客に刺さるファーストビューにするために、どのようなベネフィットを訴求するか、どのようなコピーで表現するか、どのようなイメージで印象づけるか、などをテストしていきます。

そして、重要度として他より低いのがコンテンツエリアです。とはいえ、ランディングページにおいて重要な要素であることに変わりはありません。説得材料が乏しければ、見込み客に買おうと思ってもらうことはできないからです。そのため、ベネフィット・商品特徴・実績評価など、見込み客が商品の価値を信じるための情報にするために、より魅力的なコンテンツを集めたり、より伝わりやすい見せ方をしたりするなどのテストを行います。

◎ABテストの優先順位

1. オファー	2. ファーストビューエリア	3. コンテンツエリア
見込み客が買うか どうかを決める要素	見込み客が商品に 興味を持つかどうかを 決める要素	見込み客が 購入を検討するかどうかを 決める要素

売れるLP改善のABテスト3ステップ

次に、正しいABテストを行うための手順についてお伝えします。ステップは、①異なるランディングページを用意する、②結果を比較する、③勝ちパターンをベースに改善案を作る、の3つです。

まず、①テストしたい部分の要素のみが異なるランディングページを用意します。最初は、エリア単位で異なるランディングページを用意するようにします。まったく違うオファー内容、まったく違う訴求、まったく違うコンテンツなど、大きな変化を加えたテストを行います。部分的なコピーの変更や画像やレイアウトの変更などでは結果に大きな差が出づらいため、伝わる情報自体が変わるような、大きなテストパターンを用意してください。

次に、②異なるパターンのランディングページを同時に運用して、見込み客を集めます。集め方もできるだけ同じ条件にします。同じ広告媒体や配信方法にすることで、結果の違いへの影響を出にくくするためです。別の集客導線を使ってしまうと、集客導線がよかったのか、ランディングページがよかったのかがわからなくなるからです。

そして、コンバージョン率の違いを比較して勝ちパターンが決まったら、③勝ちパターンの要素を踏襲して次のテストを行います。同じエリアの別のテストをしてもかまいませんし、別のエリアで新しいテストをしてもかまいません。エリアの優先順位に応じて、考えられる訴求パターンの数だけテストをしていく形になります。同じエリアのテストを続けて、結果にあまり違いが出なくなったら、別のエリアのテストに入るというやり方でもかまいません。

◎ABテスト3ステップ

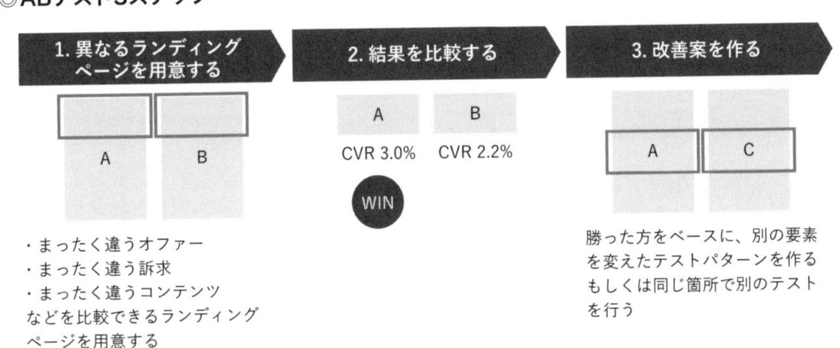

LP改善の検証と改善

売れるLP改善のためには、ランディングページを評価するための3つの重要指標を把握し、状況に応じた適切なテコ入れが必要になります。3つの重要指標と、それを使ったABテスト結果の判断基準についてご紹介します。

売れるLP改善の3つの重要指標

ランディングページを検証するためのデータには、3つの重要指標があります。①コンバージョン率、②フォーム遷移率、③ファーストビュー離脱率です。

①コンバージョン率は、ランディングページに訪問した見込み客のうち、申込を完了した人の割合を表します。100人訪れて1人が申込をした時、コンバージョン率は1%となります。

②フォーム遷移率は、ランディングページに訪問した見込み客のうち、申込フォームの入力をした人の割合を表します。フォーム離脱率が高いと、コンバージョン率は下がります。そのため、フォームが悪いのか、フォームにそもそも集客できていないのかを判断するための指標が、フォーム遷移率となります。

③ファーストビュー離脱率は、ランディングページを訪問した見込み客のうち、ファーストビュー以降でページ離脱した人の割合を表します。ランディングページを開いて、見ないことを即断した人がどれだけいたのかがわかります。つまり、ファーストビューエリアで興味づけされない人がどれだけいたのかを知るための指標になります。

◎LP検証のための3つの重要指標

コンバージョン率	フォーム遷移率	ファーストビュー離脱率
LP 訪問から購入完了した人の割合	LP 訪問からフォーム入力へと進んだ人の割合	LP 訪問をしてすぐに出て行った人の割合

購入意向度

重要指標①コンバージョン率

最初に、重要指標の1つ目のコンバージョン率の集め方についてご紹介します。コンバージョン率は、「申込完了数÷LP訪問者数」で計算します。コンバージョン率1%の場合、1万人が訪問したら100人が申込をしてくれるという考え方ができるので、ランディングページの販売力を表す指標がコンバージョン率だと言えます。

LP訪問者数や申込完了数などの数値は、通常Googleアナリティクスなどのアクセス解析ツールを使って計測します。ランディングページごとの数値を計測できる機能を持っているECカートシステムなどを利用している場合は、そちらの方がより正確な数値の把握ができます。アクセス解析ツールを導入できていない場合は、広告のクリック数をLP訪問数として扱い、実際の申込フォームからの申込数をコンバージョン数として扱い、計算する方法もあります。ですが、数値のずれが発生してしまうので、おすすめはしません。

ABテストをしていたランディングページのうち、コンバージョン率が高い方を勝ちパターンとします。注意点として、コンバージョン率の母数となるLP訪問者数が少なかったり数値にばらつきがあったりすると、正確な指標としては使えません。必ず同程度の母数を集めた状態で比較するようにしてください。

◎コンバージョン率の出し方

コンバージョン率の計算式

購入 or 申込完了数 ÷LP 訪問者数（単位 %）

購入 or 申込者数が増えれば、コンバージョン率は高くなっていく

例）訪問者 100 人、購入者 1 名の場合
1÷100=0.01=1%

重要指標②フォーム遷移率

重要指標の2つ目のフォーム遷移率は、「申込ページ訪問数÷LP訪問者数」で計算します。これもアクセス解析ツールが必要になります。申込フォームとランディングページが一体化していたり、チャットフォームを使用していたりする場合は、申込ページ自体が存在しません。その場合は、フォーム入力開始数を分子に使い、「フォーム入力開始数÷LP訪問者数」で計算します。フォーム入力開始数については、一体型フォームやチャットフォームのツールが持つ分析機能で把握できます。

外部のフォームシステムを使っているため、申込ページのデータを取得できないという場合は、申込ページへ移動するボタンのクリック数を分子に使い、「申込ページボタンクリック数÷LP訪問者数」で計算します。申込ページボタンのクリック数を計測するためには、アクセス解析ツールでの設定が必要となります。

1つ目の重要指標であるコンバージョン率にあまり差が出ていない、もしくはほぼコンバージョンがないような場合には、フォーム遷移率を比較します。コンバージョンには至っていないけれど、申込フォームへ誘導する力として、どちらのランディングページの方がより強かったのかを見ることができるからです。ランディングページでしっかりと興味づけできて、納得を引き出せていれば、申込へと促すことができますが、最終的に買うかどうかは申込フォーム以降のフローで決まります。もし遷移率が高いのにコンバージョンが増えない場合は、申込フォームに問題があるので、フォームに対するテコ入れが必要になります。

◎フォーム遷移率の出し方

フォーム遷移率の計算式
フォーム入力開始数 or 申込ページ訪問数÷LP 訪問者数（単位 %）
フォーム入力する人が増えれば、フォーム遷移率は高くなっていく
例）訪問者 100 人、フォーム入力者 3 名の場合 3÷100=0.03=3%

重要指標③ファーストビュー離脱率

重要指標の3つ目のファーストビュー離脱率は、LP分析のためのヒートマップツールを使って調べます。ヒートマップツールとは、ページ内でのユーザーの動きを可視化するためのツールです。訪問者がどこまでページをスクロールしていたのか、どこのコンテンツでスクロールを止めてじっくりと内容を見ていたのか、どのポイントで画面をクリックやタップしていたのかなどを、画像と数値から知ることができます。

2つ目の重要指標であるフォーム遷移率にも違いがない場合は、ファーストビュー離脱率を比較します。ファーストビューの離脱率が高いために、そもそも検討してくれる見込み客を申込フォームまで誘導できていない可能性があるからです。そのため、ファーストビュー離脱率が低い方のランディングページを勝ちパターンとして、引き続きブラッシュアップしていきます。ファーストビューの印象が、そのランディングページの印象につながります。そのため、最初に見込み客を引きつけられていないと、フォーム遷移率もコンバージョン率も高められません。参考値として、ファーストビュー離脱率が20%以上ある場合は、重点的にファーストビューにテコ入れをしてください。

◎ヒートマップツール(mouseflow)の参考画面の図

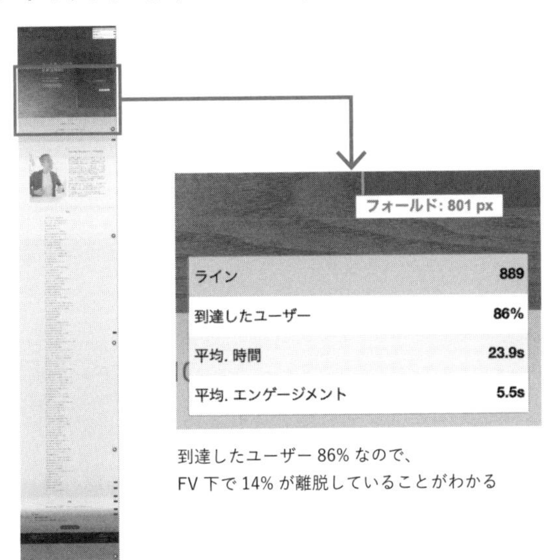

到達したユーザー 86% なので、
FV 下で 14% が離脱していることがわかる

column　ABテストはいつ終わるのか？

ABテストについて「どれだけやればよいのか？　続ければよいのか？」という質問をいただくことがあります。答えは「成長を諦めない限りずっと」です。なぜなら、決してコンバージョン率が100％になることはないからです。今よりも顧客が増えなくていいという状況もあり得ません。そのため、常に改善に取り組み続けることが必要です。たとえ収益が上がり続ける水準のコンバージョン率を達成できていたとしても、それはいずれ悪化していきます。競合商品が増えたり、見込み客の状態が変化したりするからです。ビジネスにおいて、現状維持は衰退を表します。そのため、今がよいからといってそこに満足するのではなく、周りの状況の変化に左右されないLPにするために、ABテストを使って改善に取り組み続けなければいけません。

「テスト」という表現をしていることから、いつからが「本番」なんだ？　と思われることも多いのですが、ABテストを「実験」と考えれば、環境が変わり続ける「今」の最適解を求め続ける作業だと捉えられます。ABテストは、終わりのない作業なのです。

しかし、世の中のABテストは度々終わります。ABテストが終わるのは、打ち手のネタがなくなった時です。広告代理店やLPO代行会社などに依頼していて、半年や1年でプロジェクトが終了になる理由がこれです。最初は現状を把握して、いろいろな仮説を出すことができますが、それらの仮説を検証するテストが終わってしまうと、次の打ち手がなくなります。そして、そのままプロジェクトが終了するのです。ですが、ABテストが単なる表現のテストだけではなく、ターゲットのテスト、訴求のテスト、オファーのテスト、プロモーションのテストといったように、マーケティングのプロセスにおけるさまざまな要素に対して行えるものであることを知っていれば、打ち手がなくなるということはありません。ABテストを小さな枠で捉えているとネタ切れになりやすいので、大きな枠で捉え、大きなテストから取り組むようにしてください。

11章

ランディングページの成果を最大化する方法

顧客化効率をUPするターゲット別LP

ランディングページは、1枚あればよいというものではありません。ここからは、複数のランディングページを活用して、成果を最大化する方法について紹介していきます。

もっとも効果的なランディングページとは

もっとも効果的なランディングページとは、どのようなものでしょうか？　それは、1人の見込み客のために作られたランディングページです。なぜなら、そこに書かれていることがすべて、その見込み客の自分事だからです。その見込み客の悩みや葛藤、求める理想的な姿、課題を抱えたきっかけ、これまで取り組んできた解決方法、それら個人的なエピソードが具体的に書かれていれば、興味を持たないはずはありません。そして、それだけ自分のことをわかってくれている相手なら、なかなか解決できない課題への解決策を持っているかもしれない、と感じてくれます。そして、その見込み客が求めている解決方法を、本人が適正だと感じる価格や取引条件で販売すれば、買わない選択肢はなくなります。

多くの人の状況や課題、価値観についてランディングページで触れようとすればするほど、発信する情報は一般的なものに近づいていきます。それにより、訴求する対象は分散し、最悪の場合、誰にも刺さらないものになってしまいます。しかし、発信する情報の対象を1人に絞り込むことで、エッジの立った、相手に刺さるランディングページにすることができるのです。

◎もっとも効果的なランディングページ

誰にでも当てはまる内容は
誰にも刺さらない

女性も
男性も
経営者も
会社員も
40代も
20代も
品質重視の人も
安さ重視の人も

特定の誰かに向けた内容は
その人に刺さる

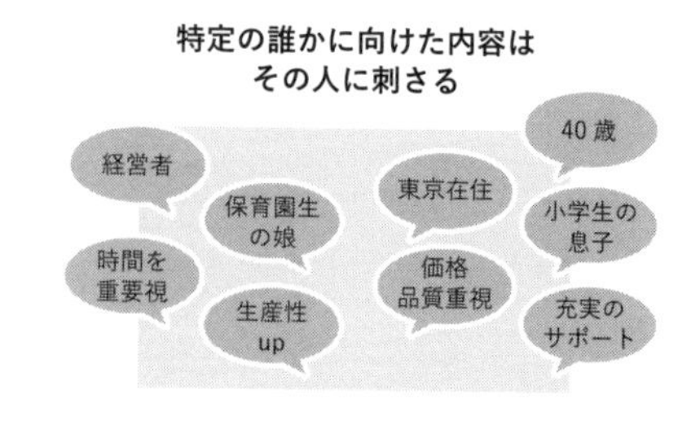

ターゲットに合わせたLP設計

1人の見込み客に刺さるランディングページでは、多くの人に買ってもらうことができないのではないか、という疑問を感じるかもしれません。ですが、実際には的の中心を狙うから的に矢が刺さるのと同じことで、1人のターゲットに対して訴求しているランディングページは、その周辺にいるターゲットにも刺さるものになります。そのため、1人のために制作したランディングページを使って、複数の顧客を集めることができるのです。

そして、こうしたターゲット別のランディングページを複数運用することで、集客成果を最大化することができます。1人のターゲットに刺さるランディングページを、ターゲットの数だけ用意するという方法です。それにより、集客の母数を拡大していくことができます。1つのランディングページで頑張って100の集客を狙うのではなく、比較的簡単に20の集客ができるランディングページを5本運用するというイメージです。

ターゲット別のランディングページで使える切り口には、求める理想的な状態・現状の悩み・抱えている課題・探している解決方法・情報量の差・価値観・属性などがあります。これらの情報をもとに複数のターゲットを設定し、そのターゲットが反応してしまうコンテンツや見せ方をすることで、効果的なランディングページを複数持つことができます。最初から複数のランディングページを運用するのは大変なので、まずはファーストビューエリアでターゲット別のクリエイティブを用意してテストするのがおすすめです。反応の高い訴求が見つかったら、そのターゲットの需要があるということになります。小さくテストしてから、大きく展開するようにすれば、PDCAサイクルを早く、確実に回すことができます。

◎ターゲットに合わせたランディングページの例

LP1	痩せて健康的になりたい人向けランディングページ
LP2	痩せてモテたい人向けランディングページ
LP3	病気を回避するために痩せたい人向けランディングページ
LP4	お金がかかってもいいから短期で痩せたい人向けランディングページ
LP5	ダイエットマニアの人向けランディングページ

成果を最大化する記事LP

ターゲットに刺さるランディングページを作るだけでは、成果の最大化はできません。なぜなら、商品を探していない人の方が大多数だからです。興味のない人に興味を持ってもらうことで、成果を最大化することができます。そのために活用できる記事LPについてご紹介します。

記事LPは売る準備をするためのランディングページ

ランディングページの成果を最大化するために使える、「記事LP」というランディングページがあります。記事LPは、商品を売るのではなく、商品への興味づけを行うことをゴールとした記事型のページです。売る前に「売れる状態を作る」という意味からプリセルページと呼ばれたり、商品の広告に興味のない見込み客をランディングページへ誘導するという意味からブリッジページと呼ばれたりします。

ランディングページを訪れる前に商品への興味づけを行えていれば、ランディングページを訪問した時点で前のめりに情報を見てもらえます。それによりコンバージョンしやすくなるので、得られる成果が大きくなります。悩みを抱えているが解決のアクションを取っていない見込み客に対して行動するきっかけを作るのが、記事LPの大きな役割になります。

◎記事LPと通常のランディングページとの違い

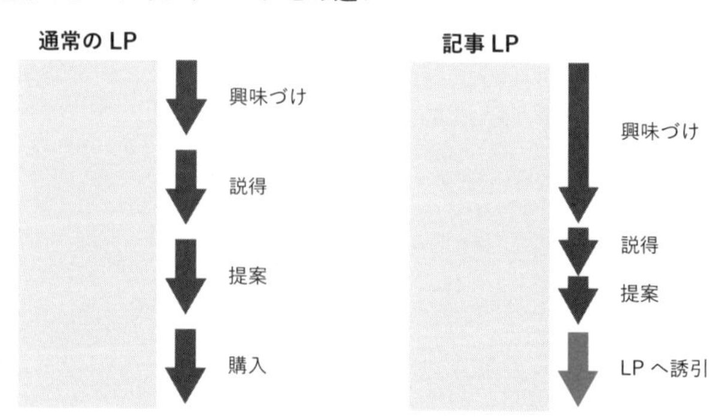

記事LPの基本構成

記事LPの構成は、潜在層向けのランディングページシナリオで紹介した（P.91）、問題提起・興味喚起・理解促進などのコンテンツだけを提供するものになります。売り込みに感じられてしまう商品の特徴など、詳細までは踏み込まない点がポイントです。問題に気づいてもらい、解決方法を知ってもらい、その解決策となる商品のベネフィットや実績を知ってもらうことで、商品への興味づけを行うことをゴールにします。そうすることで、商品に興味を持った状態の見込み客がランディングページへ訪れることになります。すると、単純に広告だけを見てランディングページを訪れた見込み客とは違い、事前に興味づけがされている分、積極的に内容に目を通してくれて、購入へと進みやすくなります。

記事LPのフォーマットとしては、ニュース・レビュー・アンケートなどがあります。ニュース型は、最新の情報や読者が知らないであろう話の内容で展開します。レビュー型は、個人ブログのような体裁で、自身の悩みや見つけた解決方法などを紹介する内容で展開します。アンケート型は、ターゲット層に対して行ったアンケート結果を発表する形式のものや、見込み客自身にアンケートを取る形式のものなどがあります。SNSやニュースアプリなどでコンテンツとして配信されているものと同じフォーマットで記事LPを作ることによって、見込み客に違和感なく記事LPを読んでもらえるような工夫をします。

◎記事LPの構成パターン

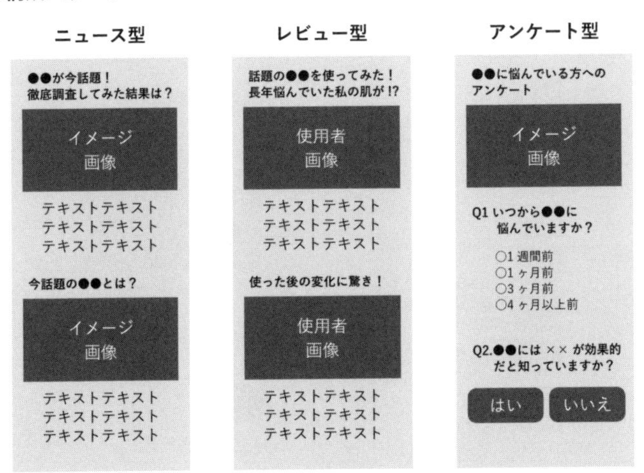

記事LPが効果を発揮する導線とは

ランディングページへの集客は、基本的に広告で行います。ですが、多くの人は広告に対して反応してくれません。2023年現在のweb利用の中心は、Facebook、InstagramなどのSNSや、YouTube、TikTokなどの動画プラットフォームです。こうしたSNSや動画プラットフォームに、ユーザーが楽しんでいる投稿や動画に合わせたコンテンツを届ける広告を出すことによって、見込み客の注意を引くことができます。

とはいえ、タップした先に商品を販売するランディングページが表示されれば、商品を買いたいと思っていない多くの人は、すぐにページを閉じてしまいます。そのため、役立つ情報を届ける記事型のページに訪問してもらうことで見込み客の注意を引き続け、興味を引き出せたところで、最終的に商品ページへのリンクをタップしてもらうという流れを作ることが重要です。

記事LPはコンテンツを提供するページの体裁をとっているため、ぱっと見では広告だとわかりにくく、通常のランディングページに比べて読んでもらいやすい特徴があります。その特徴と相性のよい広告媒体は、ニュースアプリやSNSのように、コンテンツと広告の違いがぱっと見でわからない媒体です。広告をタップしてもらいやすいという理由もありますが、タップした先にコンテンツがあれば読んでくれる可能性が高くなるので、記事LPとの相性がよいと言えます。

◎相性のよい媒体からの導線の例

ニュースアプリ

テキストテキスト
テキストテキスト
●●が今話題！徹底
調査してみた結果は？
テキストテキスト
テキストテキスト
テキストテキスト
テキストテキスト
テキストテキスト
テキストテキスト
●●に悩んでいる
方へのアンケート
テキストテキスト
テキストテキスト
テキストテキスト
テキストテキスト

SNS

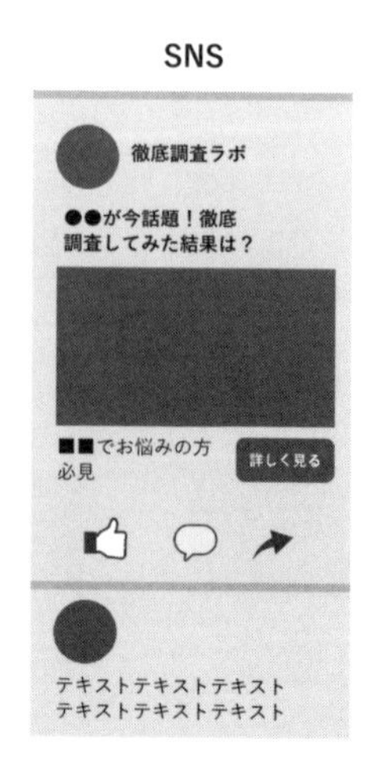

売れるランディングページを進化させるのは動画広告

いつの時代も、メディアはユーザーの可処分時間を取り合っています。かつてTVが紙のメディアを圧倒したように、文字情報よりも映像情報の方が好まれる傾向にあります。ユーザーとしては、動画の方がかんたんに多くの情報を受け取れるからです。ネットの世界も、同じ流れを辿っています。通信環境が整ったことで、ストレスなく動画コンテンツを楽しめるようになっています。多くの人が、記事を読むよりも、動画を視聴する時間が増えています。そのため、集客においても動画を活用することが、多くの企業にとって重要なマーケティング施策になります。

記事LPは、記事の体裁をしているので記事LPと呼ばれていますが、その本質はランディングページで売る前に売りやすい状態を作るためのツールです。見込み客が日常的に触れているコンテンツに合わせた情報提供の仕方をすることで、普通の広告とは違った反応を得られることが特徴です。

SNS利用よりも動画視聴が増えていくことで、コンテンツの出し方を記事から動画へと変えていく必要があります。現在記事LPで行っていることを動画広告で行えば、より成果を拡大させることができます。これはそれほど難しいことではなく、売れるLP制作で行ったことを、動画で表現するだけです。フォーマットが画像とテキストによるページから、映像と音による動画に変わるだけで、潜在層に向けた問題提起・興味喚起・理解促進のためのコンテンツを提供すればよいのです。ランディングページの手前で商品への興味づけを行うという点で、記事LPと変わりはありません。

◎動画広告が集客を拡大する

導線	ポイント
LP	・興味づけされていないので、見込み客に離脱されやすい ・広告に反応する人が少なく、集客の難易度が高い
記事LP → LP	・記事で興味づけされているので、ランディングページの情報を受け取ってもらいやすい ・SNSやニュースアプリなどからの誘導がしやすく集客の難易度が低い
動画 → LP	・動画で興味づけされているので、ランディングページの情報を受け取ってもらいやすい ・動画視聴をする人が多く、見込み客に接触しやすい ・文字よりも多くの情報を魅力的に伝えられるので、興味づけをしやすい

売れるランディングページからすべてが始まる

ランディングページには、マーケティングの要素が詰まっています。ランディングページを起点としたマーケティングの展開の仕方についてお伝えします。

ランディングページはマーケティングそのもの

マーケティングとは、見込み客が自発的に顧客になるための流れを作る活動です。見込み客の抱えている課題を調べて、ほしいと感じる商品を開発し、興味を引き説得するための導線を作ることで完成する「売れる仕組み」がマーケティングだと言えます。本書ではここまで売れるLP改善のための手順を紹介してきましたが、売れるランディングページには1枚のページにマーケティングに必要な要素が盛り込まれています。見込み客の注意を引き、興味を引きつけ、納得を引き出し、購入を検討してもらい、購入へと至るページを作るために行ったリサーチや、整理したコンテンツが、まさにマーケティングに必要な材料となるのです。これらの材料を活用してLP運用以外の施策に展開していくことで、本格的なマーケティングに取り組めるようになります。

◎ランディングページにマーケティング要素が含まれている

マーケティングは、見込み客を顧客化するための仕組み

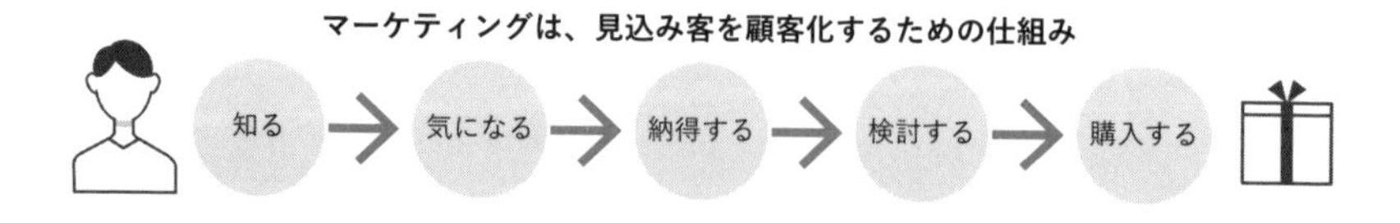

ランディングページには、顧客化のプロセスが凝縮されている

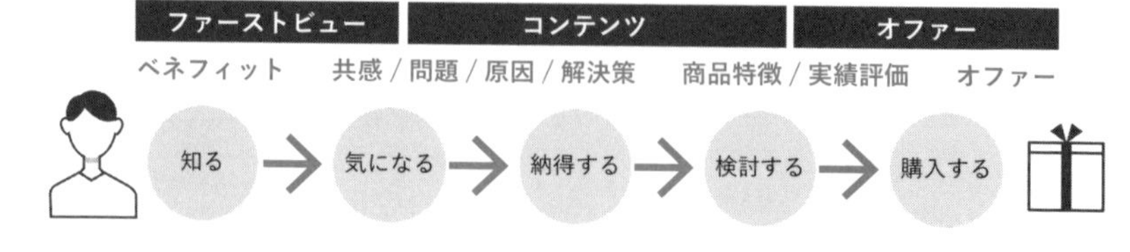

顧客接点のすべてをランディングページのパーツと捉える

売れるランディングページをもとにマーケティングを展開するには、ランディングページの要素を分解することから始めます。売れるランディングページには、見込み客をその場に止めるためのファーストビューエリア、ランディングページに興味を引きつけるための共感・問題・原因・解決策などのコンテンツ、商品への興味を引きつけるためのベネフィット・商品特徴・実績評価などのコンテンツ、購入を促すオファーなどがあります。これらの要素を分解して、ランディングページ以外の場所に展開するのです。

例えば、見込み客の悩みについて共感する内容の投稿をSNSで展開する、見込み客が抱えている問題やその原因についてweb記事で紹介する、見込み客の課題を解決する方法をYouTube動画で解説するなどといった形です。SNS上のインフルエンサーにベネフィットや商品特徴を紹介してもらったり、オファーの内容を魅力的に伝えてもらったりなどの方法も考えられます。

マーケティング施策として、すでにSNSアカウント、webメディア、YouTubeチャンネルなどの運用、インフルエンサーへのPR依頼などを実施していたとしても、それぞれがバラバラに運用されていたのでは意味がありません。マーケティングは、見込み客が顧客になるまでの一連の流れを作るための仕組みです。そのため、顧客との接点でバラバラなコミュニケーションをしていては、その場で興味づけをしただけで関係が終わる見込み客を、大量に生み出していることになります。こうした事態を防ぐには、売れるLP改善のために行った設計をもとに、ランディングページ以外の場所でも同じ訴求やコンテンツ提供を行うようにします。それによってコミュニケーションに一貫性が出て、あらゆる顧客接点でのアプローチによる情報が蓄積し、最終的にはランディングページで購入してもらうための強い力となります。

◎ランディングページの要素を展開するイメージ

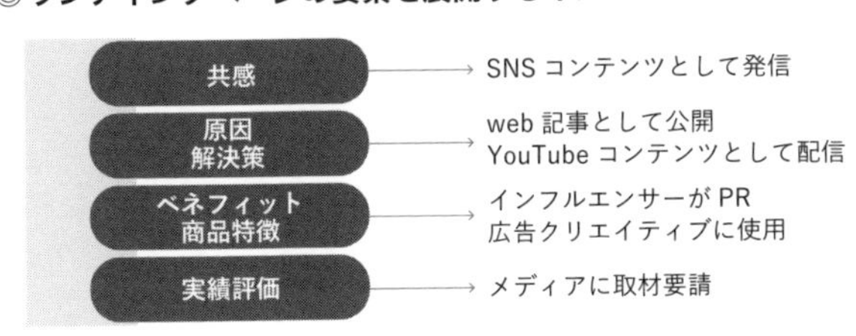

ランディングページを作ってからすべてが始まる

これまで、売れるランディングページを作るためのリサーチ、情報の整理、コンテンツの設計、クリエイティブの作成など、マーケティングに関わる重要なタスクを実行してきました。ですが、ランディングページが完成した時点で、それらはただの仮説にすぎません。実際に広告を運用して、見込み客を集めてからが本番です。広告への反応、ファーストビューでの離脱、申込フォームへの遷移などの情報から、次の課題がどこにあるかを把握し、よりよくするための改善を繰り返すことで、完成形へと近づけていかなければいけません。

それは、ランディングページの中だけではなく、ランディングページの設計をもとに展開している他の施策でも同様です。コミュニケーションする場所によって、提供するコンテンツの出し方の正解も変わります。各顧客接点での見込み客の反応をもとに、伝える情報や伝え方をブラッシュアップしていくことで、売れる仕組みが完成形へと近づいていきます。さらに、それぞれの顧客接点で得られた見込み客の反応をもとに、ランディングページの設計を見直したり、コンテンツの見せ方を変えたりすることで、ランディングページをさらに進化させることができます。

顧客接点を増やせば増やすほど、PDCAサイクルを回す場所が増えるので、仕事は複雑化していきます。ですが、核となるのがランディングページであることに変わりはありません。複雑化した仕組みに追いつけなくなった時は、ランディングページに立ち返ってください。この本でお伝えさせていただいた「売れるLP改善ステップ」にあらためて取り組んでみることで、大事なことが再び見えるようになります。すべては、ランディングページから始まるのです。

おわりに

私は18年間マーケティングの現場に身を置いてきました。ですが、はじめから今ほどマーケティングを理解し、実践できていたわけではありません。広告会社にいた頃は、マーケティングとはリサーチをして企画を作ることだと思っていました。ITベンチャーでwebマーケティングに携わっていた頃は、SEO対策やweb広告などのプロモーション施策をマーケティングだと思っていました。そのため、マーケティングという言葉を使いながら、クライアントの顧客を増やすためにならないような提案をしていたことも多かったのです。ですが、マーケティングとは売れる仕組みを作ることであり、見込み客を顧客化するためのスムーズな流れを作ることがマーケターの仕事だと理解してからは、今までの考えや取り組みが間違いだったことに気がつきました。リサーチもプロモーションもコンテンツ作りもマーケティングの一部でしかなく、それ自体がマーケティングを表すものではありません。ですが、同時にそれらがマーケティングに欠かせない要素であることも間違いありません。マーケティングを理解して実践するようになってから、なんちゃってマーケティングに取り組む多くの企業の状況を見てきました。広告代理店やコンサルタントの偏った知識を鵜呑みにして、部分最適を繰り返してしまっている企業はたくさんあります。ですが、それはその広告代理店やコンサルタントだけに問題があるわけではありません。マーケティングという事業の根幹を担う業務を、外部に頼り切ってしまっている企業側にも問題があると考えます。外部のパートナーにまるっきり頼るのではなく、自分達であるべき状態を明確にして、現状を把握し、その間にあるギャップを解消するために、外部のパートナーの力を借りるという、理想的な取り組み方をすることで、社内にノウハウが蓄積し、限られたリソースを最大化することができます。何がよくて何がよくないのか、その目利きを自分達でできなければ、これからも無駄な施策にお金を使わされてしまい、あなたの会社はすぐに利益を失うことになります。そんな企業を1社でも減らすために、私はマーケティング脳を作ることに取り組んできています。

今回、ランディングページを改善するという超具体的なテーマで書かせていただきました。マーケティングの話となると概念的なものが多くなりがちで、頭ではわかっても実践しづらくなるという問題があります。そこで、マーケティングの要素が凝縮しているランディングページを題材として、マーケティングの本質を理解できる内容にしました。あなたがランディングページを作る役割でなかったとしても、本書で紹介しているワークを通して、見込み客を顧客化するためのあるべき状態と現状とのギャップを把握することができます。それによって、自社の商品が顧客に選ばれるためには、何をすべきかがわかるようになります。これがまさに、あなたが解決すべきマーケティング課題なのです。ぜひワークに取り組み、自社のマーケティング課題の発見に生かしていただければと思います。

すべての企業が、よい商品を届けて、世の中をよくしようとしています。ですが、マーケティングへの理解が不十分なため、多くの企業がその理想を実現できていません。本書があなたの理想を実現させるきっかけになれば幸いです。

最後になりましたが、本書を手に取り読んでいただき、誠にありがとうございます。

ーマーケティングは1日にして成らずー

付録　LP改善入力用シート一覧

本書で紹介しているLP改善7つのステップで使用する、5つの入力用シートをご紹介します。シートは、下記のURLより、Excelファイルとしてダウンロードできます。業務内容や商材に応じて内容を変更し、ご利用ください。なお、本シートの著作権は譲渡しておりません。社外への再配布や販売はご遠慮ください。

https://gihyo.jp/book/2023/978-4-297-13489-1/support

顧客リサーチシート

課題	理想的な状態	
	その時の感情	
	現在の状態	
	現在の感情	
	課題	
価値観	その商品カテゴリに対するイメージ	
	その商品を選ぶ時の最優先事項	
	好きなこと	
	嫌いなこと	
	価格に対する考え方	
状態	どの段階か	
	解決のためにとっている行動	

商品リサーチシート

<table>
<tr><td rowspan="3">商品の価値に
直結する情報</td><td rowspan="2">ベネフィット</td><td>機能的</td><td></td></tr>
<tr><td>感情的</td><td></td></tr>
<tr><td>特徴</td><td>機能・作用</td><td></td></tr>
<tr><td rowspan="2">商品の信用に
関わる情報</td><td colspan="2">実績</td><td></td></tr>
<tr><td colspan="2">評価</td><td></td></tr>
<tr><td rowspan="3">購入の判断に
関わる情報</td><td colspan="2">価格</td><td></td></tr>
<tr><td colspan="2">安心材料</td><td></td></tr>
<tr><td colspan="2">手続き</td><td></td></tr>
</table>

競合リサーチシート

商品名	
ターゲット プロフィール	
ベネフィット （感情的）	
ベネフィット （機能的）	
商品特徴	
実績	
通常価格	
オファー	
フォーム	
LP FVスクショ	

課題整理シート

		理想のLPに必要な情報	現在のLPにある情報	課題
ベネフィット	機能面			
	感情面			
コンテンツ	特徴			
	実績・評価			
オファー	価格			
	サポート			

優先順位シート

		課題	インパクト	スピード	リソース	合計
ベネフィット	機能面					0
	感情面					0
コンテンツ	特徴					0
	実績・ 評価					0
オファー	価格					0
	サポート					0

プロフィール

株式会社テマヒマ（https://temahima.co.jp/）

代表取締役 平岡大輔

マーケティング歴18年。広告会社でTVメディア中心にマスメディアのプランナー、ITベンチャーでwebクリエイティブのディレクターを経験した後、2015年にマーケティング脳をつくる会社「株式会社テマヒマ」を創業。国内のマーケティング力の底上げが、経済を底上げする鍵になると考え、企業のマーケティング組織構築支援やマーケターの人材育成を事業展開している。他にも男性用化粧品メーカーのブランドマネジメントに携わるなど、常にマーケティング実務の現場にも身を置き、実践に基づいた情報提供ができるように心がけている。より直接的な企業支援として、ランディングページ制作を通して企業のマーケティング改善にも取り組んでおり、過去100本以上のランディングページ制作をディレクションし、1000本以上のランディングページへのフィードバックを行ってきている。また、3000人以上の経営者・マーケター向けに毎朝メールでマーケティングに役立つ情報を提供するなど、積極的な情報発信にも努めている。そのコンテンツ数は1500を超え、送信メール数はのべ300万通を超えている。座右の銘「マーケティングは一日にして成らず」。

お問い合わせ先

〒162-0846
新宿区市谷左内町21-13
株式会社技術評論社　書籍編集部
「売れるランディングページ改善の法則」質問係
FAX番号　03-3513-6167
なお、ご質問の際に記載いただいた個人情報は、ご質問の返答以外の目的には使用いたしません。
また、ご質問の返答後は速やかに破棄させていただきます。

技術評論社 Webページ
https://book.gihyo.jp/116

売れるランディングページ改善の法則

2023年5月11日　初版　第1刷発行

著者……株式会社テマヒマ　平岡大輔
発行者……片岡　巌
発行所……株式会社 技術評論社
東京都新宿区市谷左内町21-13
電話……03-3513-6150　販売促進部
03-3513-6160　書籍編集部
編集……大和田　洋平
ブックデザイン……井上　新八
レイアウト・本文デザイン…リンクアップ
製本／印刷……昭和情報プロセス株式会社

定価はカバーに表示してあります。

ISBN978-4-297-13489-1 C3055

Printed in Japan